国家级一流本科专业建设点配套教材·产品设计专业系列
高等院校艺术与设计类专业“互联网+”创新规划教材

主　编｜薛文凯
副主编｜曹伟智

公共设施创新设计

薛文凯　编著

内 容 简 介

公共设施设计课程是产品设计专业的主要研究方向之一。本书详细介绍了公共设施创新设计的相关理论、设计方法，系统而又完整，既关注了专业深度和设计内涵，又深入浅出，使读者易于理解和掌握。书中所选案例不仅具有时代气息，更具借鉴性、系统性和可视性。公共设施创新设计是一个复杂的过程，涉及设计观念、城市文化、模块化设计等方面，新材料、新技术、可再生能源的运用是影响公共设施创新设计的重要因素；人的心理、行为与公共设施创新设计的关系也是密不可分的。本书围绕公共设施的创新设计从 8 个方面全方位、多角度、立体化地进行阐述，编写理念新颖，实用性较强。

本书既可作为高等院校工业设计、产品设计、环境设计、建筑设计、城市规划设计等专业的教材及参考用书，也可作为设计爱好者的自学参考用书。

图书在版编目 (CIP) 数据

公共设施创新设计 / 薛文凯编著．—北京：北京大学出版社，2021.10

高等院校艺术与设计类专业“互联网 +”创新规划教材

ISBN 978-7-301-32524-7

Ⅰ．①公…　Ⅱ.①薛…　Ⅲ．①城市公用设施—工业设计—高等学校—教材　Ⅳ．①TU984 ②TB472

中国版本图书馆 CIP 数据核字（2021）第 183893 号

书　　名　公共设施创新设计
　　　　　GONGGONG SHESHI CHUANGXIN SHEJI
著作责任者　薛文凯　编著
策划编辑　孙　明
责任编辑　李瑞芳
数字编辑　金常伟
标准书号　ISBN 978-7-301-32524-7
出版发行　北京大学出版社
地　　址　北京市海淀区成府路 205 号　100871
网　　址　http://www.pup.cn　新浪微博：@ 北京大学出版社
电子信箱　pup_6@163.com
电　　话　邮购部 010-62752015　发行部 010-62750672　编辑部 010-62750667
印 刷 者　三河市博文印刷有限公司
经 销 者　新华书店
　　　　　889 毫米 ×1194 毫米　16 开本　12.25 印张　384 千字
　　　　　2021 年 10 月第 1 版　2021 年 10 月第 1 次印刷
定　　价　69.00 元

序　言

产品设计在近十年里遇到了前所未有的挑战，设计的重心已经从产品设计本身转向了产品所产生的服务设计、信息设计、商业模式设计、生活方式设计等“非物”的层面。这种转变让人与产品系统产生了更加紧密的联系。

工业设计人才培养秉承致力于人类文化的高端和前沿的探索，放眼于世界，并且具有全球胸怀和国际视野。鲁迅美术学院工业设计学院负责编写的系列教材是在教育部发布“六卓越一拔尖”计划2.0，推动新文科建设、“一流本科专业”和“一流本科课程”双万计划的背景下，继2010年学院编写的大型教材《工业设计教程》之后的一次新的重大举措。“国家级一流本科专业建设点配套教材·产品设计专业系列”忠实记载了学院近十年来的学术思想和理论成果，以及国际校际交流、国内外奖项、校企设计实践总结、有益的学术参考等。本系列教材倾工业设计学院全体专业师生之力，汇集学院近十年的教学积累之精华，体现了产品设计（工业设计）专业的当代设计教学理念，从宏观把控，从微观切入，既注重基础知识，又具有学术高度。

本系列教材包含国内外通用的高等院校产品设计专业的核心课程，知识体系完整、系统，涵盖产品设计与实践的方方面面，设计表现基础—专业设计基础—专业设计课程—毕业设计实践，一以贯之，体现了产品设计专业设计教学的严谨性、专业化、系统化。本系列教材包含两条主线：一条主线是研发产品设计的基础教学方法，其中包括设计素描、产品设计快速表现、产品交互设计、产品设计创意思维、产品设计程序与方法、产品模型塑造、3D设计与实践等；另一条主线是产品设计专业方向教学，如产品设计、家具设计、交通工具设计、公共设施设计、毕业设计等面向实际应用方向的教学实践。

本系列教材适用于我国高等美术院校、高等设计院校的产品设计专业、工业设计专业，以及其他相关专业。本系列教材强调采用系统化的方法和案例来面对实际和概念的课题，每本教材都包括结构化流程和实践性的案例，这些设计方法和成果更加易于理解、掌握、推广，而且实践性强。同时，本系列教材的章节均通过教学中的实际案例对相关原理进行分析和论述，最后均附有练习、思考题和相关知识拓展，以方便读者体会到知识的实用性和可操作性。

中国工业化、城市化、市场化、国际化的背后是国民素质的现代化，是现代文明的培育，也是先进文化的发展。本系列教材立足于传播新知识、介绍新思维、树立新观念、建设新学科，致力于汇集当代国内外产品设计领域的最新成果，也注重以新的形式、新的观念来呈现鲁迅美术学院的原创设计优秀作品，从而将引进吸收和自主创新结合起来。

本系列教材既可作为从事产品设计与产品工程设计人员及相关学科专业从业人员的实践指南，也可作为产品设计等相关专业本科生、研究生、工程硕士研究生和产品创新管理、研发项目管理课程的辅助教材。在阅读本系列教材时，读者将体验到真实的对产品设计与开发的系统逻辑和不同阶段的阐述，有助于在错综复杂的新产品、新概念的研发世界中更加游刃有余地应对。

相信无论是产品设计相关的人员还是工程技术研发人员，阅读本系列教材之后，都会受到启迪。如果本系列教材能成为一张“请柬”，邀请广大读者对产品设计系列知识体系中出现的问题做进一步有益的探索，那么本系列教材的编著者将会喜出望外；如果本系列教材中存在不当之处，也敬请广大读者指正。

2021年6月

于鲁迅美术学院工业设计学院

前　言

随着经济持续健康的发展和城市现代化进程的加快，公共设施已经越来越多地介入城市公共环境之中，服务于人们的生活、出行、工作。可以这么说，公共设施与城市发展密不可分，离开公共设施的城市，将丧失使用功能，人们也很难生活和工作下去。建立系统的、科学的公共设施设计流程，使其更好地与城市环境共融，进而真正解决实际问题，是公共设施设计发展的必然趋势。

科技时代的多元文化冲击要求公共设施彰显创新的理念和奇思妙想的情趣化与识别性。观念是设计创新的基础，设计观念要与时俱进，新观念下的公共设施创新设计应趋向更加轻松，更加富有个性的诠释方式，更具强烈的主观性、视觉冲击力及良好的功能性等，并为更多个体所共享。“城市文化IP”这一概念，是建立在文化IP与城市形象的基础上的，用公共设施打造城市文化，不只是简单的传承，也是城市文化的再生。再设计（Re-Design）的理念强调设计师要重新面对自己身边的事物，从日常生活中寻求设计的真谛，赋予日常生活用品、材料以新的生命。设计必须经历再设计的过程。再设计能使设计师重新找到并燃起创作的激情，使看似平常的设计再现生命的活力。用当代人的设计观念和先进的科学技术来诠释古代公共设施，并对其进行再设计，这一课题对于公共设施创新设计无疑具有极大的市场价值和现实意义。

公共设施创新设计并不是单纯地解决功能与技术上的实现问题，而是系统地解决产品与人、社会等诸多问题。社会的发展和技术的进步加快了人们对新的生活方式的追求，我们在学习设计时，要针对课题的每一个环节都进行充分的调研分析，投入更多的精力研究设计对象的需求动机，使设计师与使用者在生理或心理上都能获得更多的默契，从而达到公共设施创新设计的目的。公共设施设计是一个创新的过程，本书围绕公共设施的创新设计从8个方面进行阐述，通过编著者近20年的公共设施设计教学与实践体会来分享设计创新的心得，力图全方位、多角度、立体化地阐释如何进行公共设施的创新设计。

【资源索引】

2021年6月

于鲁迅美术学院工业设计学院

目　录

第 1 章 公共设施的设计创意

本章要点

- 如何进行公共设施的设计创意。
- 打造城市文化 IP 的公共设施设计。

本章引言

公共设施设计是人们在公共环境中满足工作和需求、解决问题的方式和方法，是通过具体的形式表达出来的一种创造性活动。公共设施反映着一个时代的经济、技术和文化面貌。公共设施设计的关键是创意，创意是公共设施设计的灵魂。本章就如何进行公共设施的设计创意、如何通过公共设施设计打造城市文化和城市文化 IP 进行了探索。

1.1 如何进行公共设施的设计创意

富有创意的公共设施，应该满足大多公共群体的使用需求，既要好用，又要好看。好用就是使用方便、易用、安全，在使用中不会因操作不当而伤害使用者；好看就是要使设施与环境相协调，不单是个体性，也包含整体性和识别性。从专业设计的角度来讲，富有创意的公共设施一定要准确而直观地体现其使用功能与使用方式。公共设施设计要符合当代设计的环保理念，要能体现使用它的文化背景、设计的思想、科技成果；设计要美观，无论外观的形态还是色彩，无论比例还是尺度，甚至是制作工艺。富有创意的公共设施设计能够引导用户使用和消费；富有创意的公共设施设计是吸引眼球的，能引起人们的使用欲望，让人喜爱。公共设施的设计创意不仅体现在结实耐用、功能的优越、制造工艺简便、生产成本低等方面，还应具有市场竞争力，满足社会可持续发展等多方面的要求。

图 1.1 巨型乌贼雕塑

胖胖的红色乌贼，伸出长长的触手，在美丽的公园中格外显眼。设计师 Moradavaga 受邀参加位于圣米格尔亚速尔群岛的第六届 Walk&Talk 节，他从丰富的海洋生物中得到灵感，创作了巨型乌贼雕塑（图 1.1）。这件

图 1.2 配有 Erika Hock 投影仪的户外空间

设计作品适合所有年龄段的人们互动游戏，人们可以对着长长的触手说话，里面的人可以听到，而且它是由长长的管子环绕而成的，非常可爱。

配有 Erika Hock 投影仪的户外空间（图 1.2），是西班牙工作室 ERA 的建筑师所设计的露营套房，该设计收集了客舱、帐篷和树屋的野营元素，提倡环保概念，旨在呼吁人与自然和谐共处。

设计（Design）的基本词义是“构思”“谋划”等，“设”意味着“创造”，“计”意味着“安排”。设计有两个基本要素：一是目的性，二是创造性。从专业的角度来讲，设计是一种可视化的创造性活动。创意（Create New Meanings）是一种创造性的思维活动，是设计师创造性的想法或构思。公共设施的设计创意，是设计师对思维定式的突破，是逻辑思维、形象思维、逆向思维、发散思维、系统思维、灵感、直觉等多种认知方式综合运用的结果，同时也反映了设计师的思想深度和设计观念。

公共设施设计的关键是创意，没有独到的创意，设计就会黯然失色，缺乏生命力。好的创意源于个性化的思考，在设计中打破传统的思维定式，变换思维角度，从多维而整体的、全方位的、系统的角度思考问题。公共设施设计从构思到方案设计的完成，是一个从无到有的、逐步具体化的过程，设计创意是公共设施设计得以不断更新和迭代的保障，在自身品牌的延续和发展中具有重要的意义。公共设施设计的艺术性非常重要，但它有别于纯粹的艺术作品，其最终目的是满足使用者的要求。富有创意的公共设施不但能扩展顾客的需求，还能引导使用者的需求，让使用者的需求在更高层次得到满足。公共设施设计创意的过程，就是设计创新的过程，它贯穿设计的始终。

观念对于公共设施创新设计的作用如图 1.4 所示。

设计师 Noma Bar 受到日本安藤百福基金会的邀请，在日本小诸市（Komoro）安藤百福中心的森林里创建一个瞭望亭（图 1.3）。这个设计通过简单的二维造型转换成一个真实的三维立体形态，造型生动别致、简洁又富有美感，同时还有很强的实用功能。该设计将鸟和树叶的形状作为设计元素，起初的设计灵感来源于两片叠加在一起的树叶，再由两片树叶叠加在一起的形态引发了一个鸟的联想，随后将这种联想展现到二维平面设计图上，最后创造出这样的一个三维立体形态的仿生设计。从侧面看，它就像一只小鸟，由于其所在的位置比较特殊，游客在远处观望很可能认为它只是一只鸟，也可能认为它是林中的一片叶子，但游客只要进入瞭望亭内部，便可以像一只小鸟一样俯瞰整条连绵的山脉。

公共设施设计创意不仅是设计结果的创新，也是一种以创新为目的的设计活动所采用的设计方法。掌握科学系统的设计方法，可以快速实现创意目的。公共设施设计创意包括理念、功能、形式、细节、模式、组合等一系列创造性的过程。产品设计创意的初衷也正是寻找公共设施设计与顾客需求在未来的交叉点，这就要求设计师掌握创新设计方法，熟悉公共设施设计面临的问题，并针对这些问题提出解决方案。设计的目的是以人的需求为出发点，以满足人的需要为最终的评判标准。公共设施从设计到生产的整个过程中，每个环节都不可取代。公共设施设计的主要环节有市场调研、情报采集、方案设计、造型评估、模型制作分析等。

图 1.3　生动有趣的瞭望亭

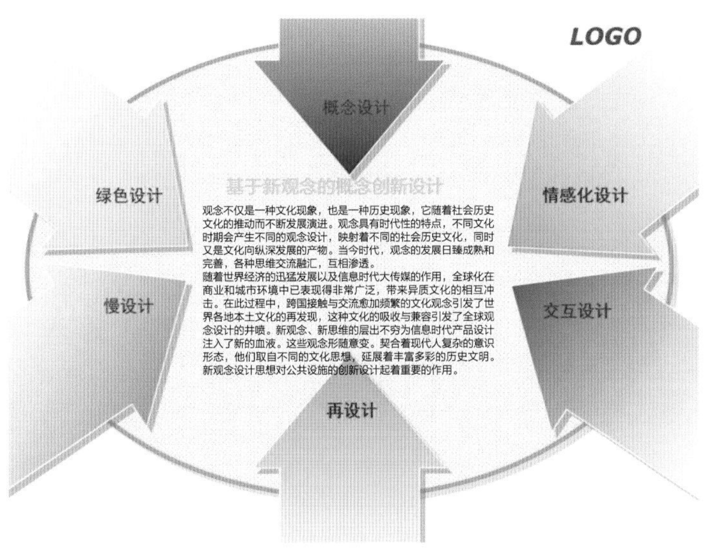

图1.4　观念对于公共设施创新设计的作用

这座游乐场位于美国马萨诸塞州的一片丛林中（图1.5），制作方尝试着给社区的孩子们打造一个安全却又不失乐趣，能够让他们自由探索，没有固定功能的游乐设施。对设计师来说，儿童游乐设施的设计独特而极具挑战性。设计中所有的空间都应根据孩子的尺度而定，成人们可以进入其中，却因无法舒展只能缓慢前行，而孩子却能在其中自由奔跑嬉戏。此外，设计中没有出现任何文字或数字，孩子们可以充分发挥自己的想象力随意活动。游乐设施中色彩斑斓的图案暗示着装置的入口等特殊空间，却又不会过于张扬。例如门洞、楼梯等传统的建筑形式会把孩子们引向出乎意料的空间。所有的悬浮体量都镶嵌在一面轻薄的墙面上。游乐设施在多样化的路径上创造出多重进入空间，细化的空间形成不同的“难度等级”，让不同年龄层次的孩子根据自己的能力自由选择，进一步增加了装置的安全性。年龄较大的孩子在装置中奋力向上攀爬之时，年龄较小的孩子在下层空间也同样自得其乐。

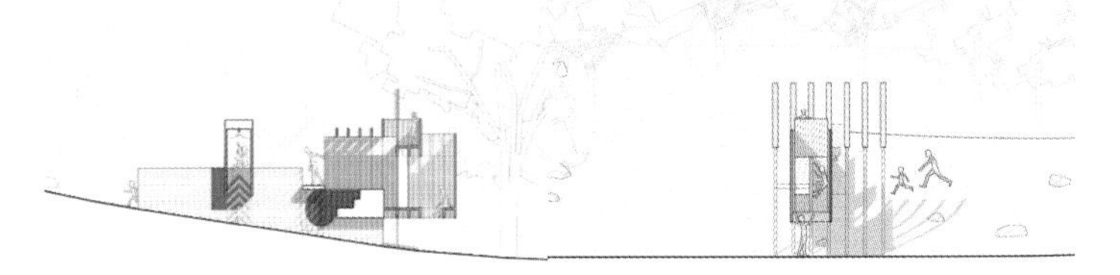

图1.5　丛林游乐场

图 1.6 哥本哈根的迷你浮岛 CPH-ø1

设计师 Marshall Blecher 与 Fokstrot 创造出的一种新的公共空间——浮岛，即一种迷你的可以漂在水面上的平台。这个名为 CPH-ø1 的平台由木板制成，面积约 20㎡，漂浮在哥本哈根港口的水面上。浮岛上种植了一棵 6m 高的小树，可以为岛上的居民提供一片树阴。该项目在丹麦艺术基金会及文化港 365（Culture Harbour 365）机构的支持下得以实现，对所有市民开放，使用者可以用小船将浮岛运到水中央，在上面进行观星、垂钓、烧烤等活动（图 1.6）。

公共设施设计的本质在于创新，这就需要设计师掌握一定的思维方法和设计技巧，设计师必须运用创造性的思维活动进行设计，达到设计目的。在设计的创新活动中，创新能力是设计得以展开和深入的核心，掌握一定的思维方法和创新设计规律无疑是极为重要的。公共设施设计常用的创意思维方式有系统思维、形象思维、逻辑思维、逆向思维、联想思维、辩证思维、发散思维、共生思维、灵感思维。需要注意的有两点。其一，公共设施设计创意的过程是从了解设施设计定位，明确设计目标，掌握当前设施设计情况、市场和生产要素开始，据此再运用创新的方法进行公共设施设计。其二，公共设施设计创意要有准确的设计定位。所谓设计定位，也就是设计师所要传递给使用者的信息是什么？表达的意图是什么？要解决的问题是什么？这将对以后的设计功能、设计风格及其表现形式的确立找到明确的落脚点。

公用电话亭应该被淘汰吗？设计师 Nick Kazakoff 和 Brendan Gallagher 让它获得新生。如图 1.7 所示的公用电话亭就是专为那些在开放式办公空间工作的人设计的，他们可以在一个舒适、私密的地方进行电话、视频聊天。

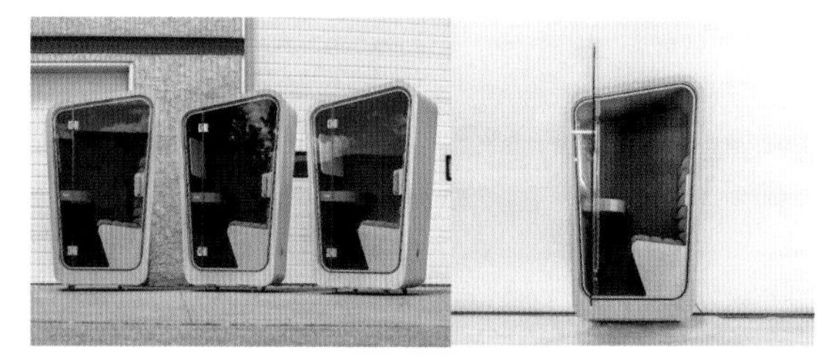

图 1.7 公用电话亭

为了改善运输体验并扩大现有建筑功能，美国迈阿密海滩市提议采用一种新的公交通勤设计，市委员会一致选择宾尼法利纳边界推动概念设计作为中标方案。公交车候车亭设计反映了宾尼法利纳创新的模块化设计和现代技术手段，该设计方案采用了先进的技术和便利的设施，改善了乘客的候车体验，主要设计亮点包括太阳能电池板系统、可显示公交车行车路线、乘客安全系统及带遮阳篷的钢化玻璃框架，如图 1.8 所示。

图 1.8 公交车候车亭设计

一般来讲，创造过程包括准备、沉思、启迪、求证 4 个阶段。设计灵感可以因周围环境及其他因素的刺激而产生。设计既需要灵感的闪现，也需要理性的思考，它是多方位、多样化的科学思考的结果，下面介绍的是一些公共设施设计的创新方法。

(1) 对现有设施进行调研分析，发现其设计的缺陷和不足，并对其进行优化、改进、更新、完善，进行功能、结构重组，这既是再设计的理念，也是创意设计常用的方法。
(2) 理解现有科学原理并巧妙合理地运用于创意设计中，可以产生新概念、新功能的公共设施创意设计。
(3) 对不同专业领域内的设计进行启发式借鉴和创造。
(4) 对现有的两种及以上产品进行分析，综合其优点，组合形成具有新功能的产品。

综上所述，常用的产品设计方法有主体附加法、同类并列组合法、集成设计法等。当然，低成本因素在产品开发与设计中极为重要，而低成本是制造者和顾客共同追求的目标，也是创新设计关注的重要内容。每一种创新设计的产生，往往都是多种因素相互作用的结果（图 1.9～图 1.12 和图 1.14)。

图 1.9　可停放自行车的座椅设计

图 1.10　独特开启方式的门

图 1.11　饶有趣味的树屋

如图1.13所示为荷兰乌特勒支市中心的一个名为“aurautrecht”的设施设计。设计由3个分离的类似舞台的结构组成，3个结构通过一系列高耸成角的吊臂连接，材料选用彩色透明的条状PVC挂帘，挂帘的配色非常引人注目，是一个充满活力的场所，也是城市中心的一块让人平静的绿洲。人在内部向外看时，世界仿佛被染成了鲜艳的颜色；而人从外部向内部看时，仿佛是聚光灯下的舞台。3个“舞台”有不同的功能，既可供静思，也可以在此嬉笑玩耍。轻质PVC挂帘，在风的吹拂下来回摆动，人们参与其中，体验别样的趣味。夜幕降临时，3个圆柱体结构内部会亮起灯光，会变成3个漂浮在地面的灯笼。光线透过透明挂帘，照亮了周围的建筑，同时也为空间增添了生动的色彩，成为城市夜间一道别样的景观。“aurautrecht”既是独一无二的避风港，又是观景台，也是城市舞台和颇具纪念意义的展示厅。当人们处在3个空间分明的设施内部时，将有机会欣赏到带有明快色彩的城市美景。

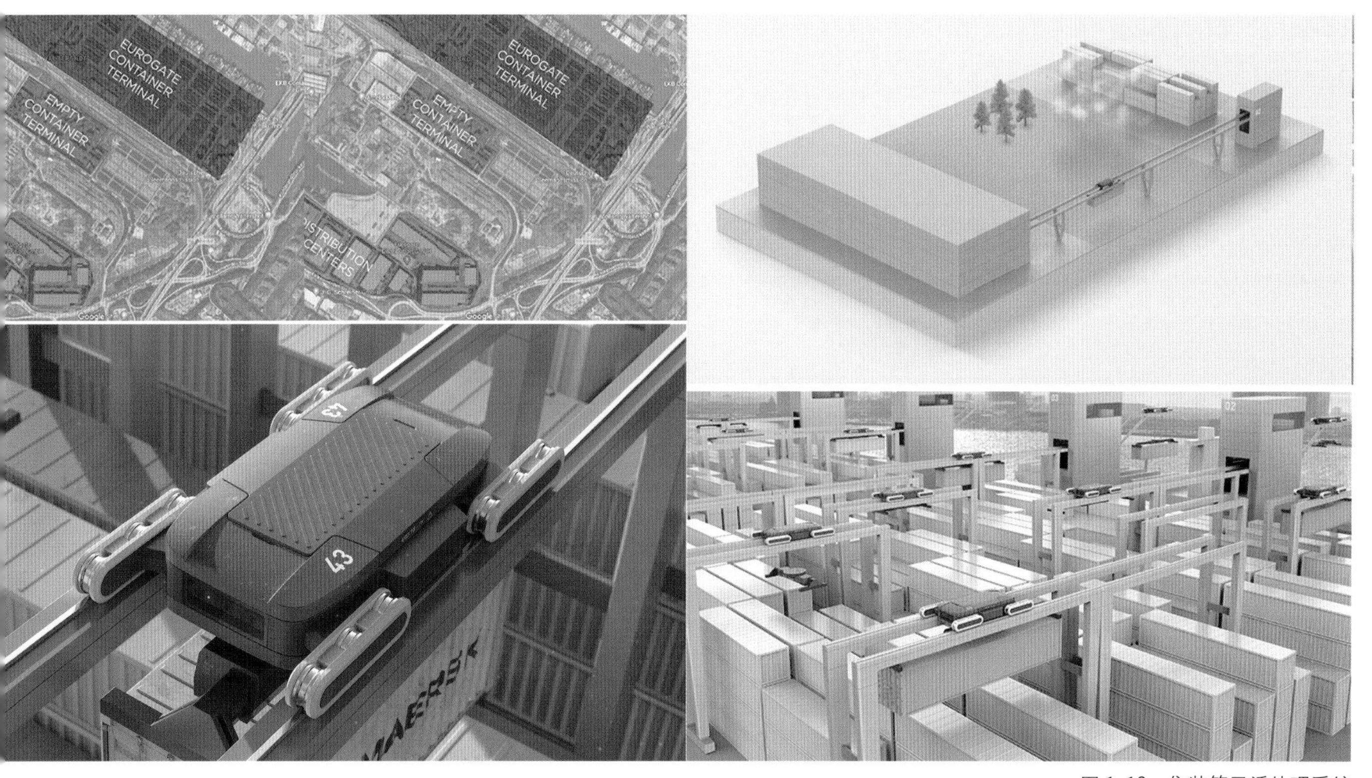

图 1.12　集装箱灵活处理系统

图 1.13　城市中心的多彩绿洲

图 1.14　创意公共座椅

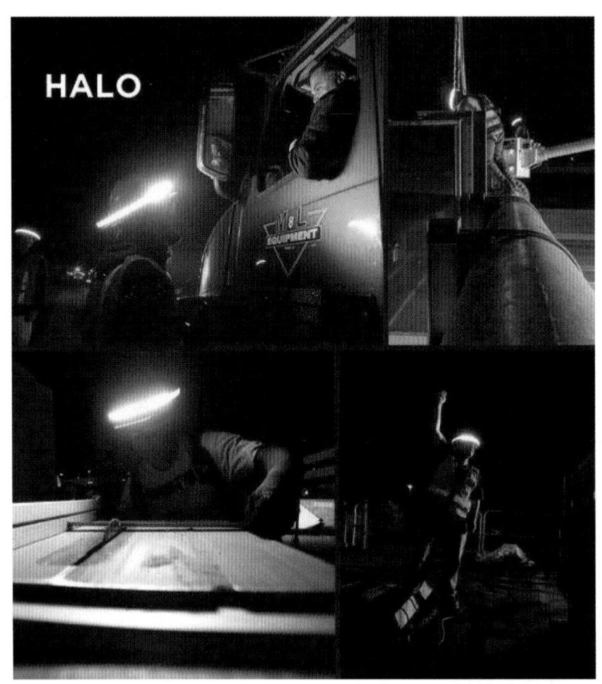

图 1.15　Halo—360° 照明灯

Halo—360° 照明灯（图 1.15）可快速连接到任何安全帽上，以提高工作现场的能见度。Halo—360° 照明灯使佩戴者能够看到和被看到，它有 4 种模式，即光晕、明亮（276 流明）360° 、高警戒、明亮脉冲盘旋。

图 1.16　物流机器人 Meet Serve

物流机器人 Meet Serve（图 1.16）是一种自动送货机器人。它安装了具有社会意识的导航系统，以全新的方式将人行道漫游车的设计和技术结合在一起，采用设计第一的方法，服务是为了满足客户需求，并帮助当地企业销售更多产品。机器人服务代表着一种新的体验——新鲜感、标志性、与文化相关的大胆图标和个性化，技术不仅可以提供帮助，也可以带来喜悦。LED 可以显示沟通服务的下一步行动，而 Velodyne 激光雷达单元、NVIDIA XAVIER 处理器和 12 英寸电动轮毂可以帮助机器人通过人群、爬坡、跨过障碍，并从拥挤的街道和人行道中确定送货路线。

1.2　打造城市文化 IP 的公共设施设计

城市是人类最伟大的发明之一，随着社会的发展，人类的活动越来越依赖于城市提供的空间。城市不仅仅是人类进行生产活动的场所，更是人类生存、生活的重要空间。每一座城市都有其自身发展的文化艺术形态，都有其独特的人文历史文化。公共设施能营造城市公共文化空间、提升城市整体形象、彰显地域文化，让城市家园更加舒适，对现代城市文化发展具有重要的作用和意义。公共设施的主要目的是完善城市的使用功能，满足公共环境中人们的生活需求，提高人们的生活质量与工作效率。公共设施是人们在公共环境中的一种交流媒介，它不但具有满足人们需求的实用功能，同时还具有完善城市功能、美化公共环境的作用，是城市文明的载体，对提升城市文化品位、打造城市文化 IP、树立城市形象具有重要的意义(图 1.17、图 1.18)。

图 1.17　观测塔 Peppell and Observation

图 1.18　凡·高国家公园游客中心 Visitors centre Van Gogh National Park

东京被评为 2015 年世界上最适合居住的城市（英国 *MONOCLE* 杂志报道）。漫步东京街头，即使人头攒动也听不到车辆的鸣笛和人们的大呼小叫，只有车辆通过的声音和人们的脚步声。你会发现日本公共设施设计在各个方面都很用心，分类细致的垃圾桶、带有经典日式花纹的井盖、无障碍设施设计系统、配套齐全的卫生间、无须手机 App 即可直观查询的公交站牌、指示明了的导视系统、自行车停放设施等。日本的城市公共设施打造的城市文化 IP 虽然比较内敛，但以高度的人性化著称。这是深入人们生活的人文关怀，这种城市文化 IP 是沉浸式的，会慢慢地渗透到人们的心里。（图 1.19）

【日本京东】

图 1.19　日本东京街拍

1.2.1 城市文化 IP

中国需要以工业设计的方式打造城市形象，推动企业树立良好的城市国际形象，从而带动国内制造业、服务行业及旅游业的发展，并以此进一步推动国内经济发展。随着互联网的发展，“文化 IP”这一专有名词逐渐进入人们的视野。文化 IP 有两个核心：一是要求其内容必须文化底蕴丰富；二是要求其自身必须自带热点话题，能够成为文化 IP 的文化内容必须要有流量、有追随者，可以被市场化、商业化。这两方面相得益彰，构成了文化 IP 的核心。城市文化 IP 来源于城市文化，但不只是简单的传承，也是城市文化的再生。只有深入城市当地日常生活去挖掘这些文化的价值，才能提炼出属于这座城市独特的文化 IP。“城市文化 IP”这一概念，是建立在文化 IP 与城市形象的基础上的，并将两者有机结合起来，其与城市文化形象既有联系又有区别。与城市文化形象的相同点在于，两者均为城市文化代表，都应当具有城市的地方特色。与城市文化形象这一概念有所不同的是，城市文化 IP 除了外在具有相当高的辨识度外，还具有非常鲜明的人格化特征，个性鲜明而有内涵，有观点、有态度，能够吸引非常多的追随者。

巴黎（图 1.20）是一座古老而浪漫的城市，也是一座极具历史感的城市，那里的名胜古迹会让人流连忘返。巴黎那些令人神往的不同历史时期的城市文化 IP，不时地撞击着人们的心灵。

【巴黎】

图 1.20　巴黎

1.2.2 公共设施设计如何打造城市文化 IP

在国外，以公共设施设计塑造城市形象、助力城市发展的案例不胜枚举。我们不难发现，在欧洲，每一个国家的每一座城市都非常善于从地理特色、建筑、绘画、音乐、舞蹈、文学、传统手工艺等方面挖掘自身的文化 IP 形象，这些文化形象早已深入到城市的细节中，这也使得欧洲的城市呈现出“千城千面”的特色。比如 20 世纪末期，伦敦就开始朝着将创意文化作为城市发展的内在动力发展；进入 21 世纪后，伦敦因其鲜明的城市文化特征，成为“世界卓越的创意和文化中心”(图 1.21)。反观我国的某些城市，虽然具有丰富的城市特色、深远的人文历史、优越的地理位置等诸多优越条件，但有着鲜明的文化 IP 的城市寥寥无几，我们的城市需要城市文化，需要打造出明确的城市 IP。在打造城市文化 IP 时，结合城市自身的文化背景加以设计，能够让城市特色更加鲜明。

【伦敦】

在美国纽约，自由女神像（图 1.22）、震撼人心的“9 · 11”国家纪念馆（图 1.23）、充满工业感的布鲁克林钢铁大桥（图 1.24）、令人眼花缭乱的、充满商业气息的时代广场的各类广告牌及“纽约黄”道路交通系统（图 1.25）等公共设施，无不冲击着行人的视觉神经，体现着这座城市的宽容与大气。

图 1.21 伦敦是“世界卓越的创意和文化中心”

图 1.22 自由女神像

图 1.23 “9 · 11”国家纪念馆

图 1.24　布鲁克林钢铁大桥

图 1.25　“纽约黄”道路交通系统

如果说纽约是现代的、自由的，巴黎是时尚的、浪漫的，那么伦敦就是多元化的、文艺的，是三者之中最有韵味的一座城市。穿梭在城市狭窄街区的“伦敦红”双层巴士、别具风味的电话亭、充满历史印记的邮筒、穿着红衣的皇家卫队士兵等，都是这座城市特有的元素。现代与古典并存的伦敦，处处体现着城市历史和文化的传承。伦敦巴士、伦敦邮筒、伦敦电话亭被统称为“伦敦三红”，是伦敦的色彩象征。

以工业设计理念为指导打造城市文化 IP，要求我们必须要研究相应的城市文化，在公共设施设计创意的过程中针对特定地区的自然、人文环境因素做全面系统的分析与调研，针对地理特点、环境特点、人群生活习惯和经济状况进行实地考察，对收集的相关材料进行细致研究分析，提出可能成为城市文化 IP 的代表方向，并从工业设计的角度提出解决方案。在此基础上，将工业设计解决方案投入城市实际的使用研发中。

以公共设施设计打造城市文化 IP，首先，要通过对城市的历史背景分析、人文文化研究、城市特色支柱产业整合、分析来寻找适合所研究城市文化 IP 的意向，并针对该意向进行深入分析研究；其次，要以产品化视角寻求推进城市文化 IP 的落脚点，通过实地调研城市文化现状、城市产业发展现状，并在其基础上进行深入探讨，分别从环境、行为、国情、地方特色的角度，分析与中国城市文化 IP 相关联的诸要素，以工业设计为视角，提出相关创新设计的概念。设计可以借助于调查研究方法、模型研究方法、生命周期设计方法、并行设计方法、可靠性设计方法、模块化设计方法、反求设计方法等进行。以工业设计为桥梁，在树立城市文化 IP 及城市产业升级发展两者之间建立联系。在树立城市文化 IP 的过程中，可以深层次探索城市形象，将城市文化融入人们的生活中，树立带有独特文化特色且风格各异的城市文化形象，并以此推动城市产业升级发展。

城市文化 IP 的开发是一个长期的过程，具有知名度的城市文化 IP 最重要的价值是其持续的开发能力，而不是一次性消费、一次性开发。要打造高品质的文化 IP 精品，就应注重文化产品的质量与价值，使其既能传递文化

图 1.26　滨海湾花园（一）

生态城市是体现人与自然和谐共生的一种城市建设理念，新加坡滨海湾花园（图 1.26、图 1.27）项目就是这一理念的代表作。滨海湾花园项目最引人注目的当属 18 棵巨大的人造树，被称为“超级树”（Solar Supertrees）。其极具未来性的运作原理表达了人类对大自然的崇敬。超级树是人工和自然结合的最好典范。这 18 棵“超级树”高 25～50m，是滨海湾花园巨大温室的通风管道。空中走廊将高耸的超级树连接在一起，让游客居高临下，欣赏花园内的美景。白天，“超级树”巨大的树冠可以遮挡阳光，帮助温室保持适宜的温度。到了晚上，树冠借助特殊的照明和投射的媒体内容展现出生机与活力。在这些“超级树”中，有 11 棵安装太阳能光伏电池和一系列与水有关的技术，前者用于发电，满足照明需要，后者帮助降低室温。滨海湾花园由英国景观建筑公司 Grant Associates 负责设计，它们希望通过“超级树”的设计，让滨海湾花园成为一个生态旅游目的地，向游客展示可持续化的生态保护方法，成为新加坡的地标性打卡地。

价值，又能诠释城市语境。城市文化 IP 是一种具有高度辨识度的文化符号，它既可以是有形的形象，也可以是艺术形象极高的作品。它具有鲜明的区域文化特征，能够塑造城市的文化形象，能够传达城市的文化精神和人文内涵。城市文化 IP 着眼于文化这一在当代城市生活中最为活跃的要素，以知识为基础，以某一核心 IP 为依托，通过创意设计创造出一系列文化产品或文化服务，从而构筑起新的城市文化生态。城市文化 IP 包含城市的诸多要素，反映了当今世界关于城市创新发展的基本看法。

思考题

(1) 设计观念是如何影响公共设施设计的?

(2) 公共设施设计是如何打造城市文化 IP 的?

图 1.27　滨海湾花园（二）

第 2 章 公共设施的再设计

本章要点

- 古代公共设施设计。
- 公共设施的再设计。

本章引言

古代公共设施是人类文化的遗存，是古人留给我们的财富。将古人的智慧发扬光大，将现代设计理念、科学技术、新能源、新材料等融入古代公共设施，通过再设计使其发扬光大，对于公共设施设计具有极大的市场价值和现实意义，也是每一位设计师都需要思考的问题。

2.1 古代公共设施设计

公共设施的产生与人类进化和文明发展息息相关、密不可分。古代公共设施是古人智慧的结晶，这些公共设施可以划分为民用公共设施和宫廷公共设施两部分。民用公共设施例如，纺织用的纺楼车和织布机、提水用的辘轳、种植水稻用的秧马、提水灌溉用的水车、研磨粮食用的石碾，以及水井、磨盘、犁车、运水设施等，这些较为生活化的产品就是为满足人们的日常生活需要而产生的公共设施，多以实用为主。宫廷公共设施主要以满足宫廷生活需求为主，例如，我国古代重要建筑前的石牌坊、华表、日晷仪、石狮、铜龟、嘉量等。许多古代公共设施已经随着时代的发展被人们遗忘，少量保留至今的公共设施也早已失去了其当时的使用价值。这些古代公共设施之所以存在，是因为它们带有浓厚的历史感和文明印记，是古人生活智慧的结晶。对于这些作品，我们不能只是将它们束之高阁，仅仅作为历史文化遗存。如何让这些古代公共设施在当今社会发挥作用、服务于大众，是一个非常具有研究价值的课题。无论是中国的还是外国的，古代公共设施的实际价值与研究价值还远远没有挖掘出来，我们可以赋予古代公共设施无限的生命力，这种生命力是由产品本身从历史长河的冲刷中积淀下来的。如果我们将现代化的理念、科学技术注入古代公共设施中，就可以让其迸发出新的火花和使用价值。

现代设计从工业革命中走出来，并以螺旋式上升的方式不断进步和发展。可以说，正是因为有这些富有传统意味的新生代设计作品的存在，才使得古人的智慧结晶从未曾被后人遗忘，它们只是换了一种崭新的、现代化的设计语言后，重新加以诠释呈现在人们的面前。

随着时代的进步和科学的不断发展，在今天这个多元化的时代背景下，技术专业化、知识密集化、信息爆炸化为设计领域的发展提供了广阔的空间。原有的阻碍设计发展的技术壁垒已经不复存在，可以说，现代技术基本能够满足设计师在进行产品设计时的多层次需求。每一次技术的升级都会带来更高的效率和更多的财富，不可否认的是，每次高新技术的出现，在产品的研发制造过程中都会被迅速广泛地应用。从产品设计诞生直至今天，在高度灵活的“工业 4.0”时代，个性化、数字化的产品与服务生产模式所带来的时代热潮还未完全退却，又迎来了“建造智能工厂和生产数字化通信产品的风潮”。如何在产品制造中找回人性化的一面，是未来设计发展的趋势，这个趋势称为“工业 5.0”，又称为“人机协作产业”。在当代产品设计创意中，设计师需要运用新观念、通过新科技完成自己的设想；同时，作为设计师必须要认识到，每一件好的设计作品都既是民族的，也是世界的。如何用现代化的设计手段挖掘中国古代公共设施设计的文化价值，将古人的智慧发扬光大，将现代科学技术、设计理念、新能源、新材料等新兴事物融入其中，是每一位中国设计师都需要思考的问题。用当代的观念和科学技术诠释古代产品，并对其进行再设计，这一课题对于公共设施设计具有极大的市场价值和现实意义（图 2.1）。

图 2.1　北京故宫博物院日晷仪

日晷仪是古人利用日影测量时辰的一种计时仪器，主要根据日影的位置指定当时的时辰或刻数，通常由铜制的指针和石制的圆盘组成。铜制的指针称为“晷针”，晷针垂直地穿过圆盘中心，起着圭表中立竿的作用，晷针又称为“表”。石制的圆盘称为“晷面”，安放在石台上，呈南高北低，使晷面平行于天赤道面，晷针的上端正好指向北天极，下端正好指向南天极。在晷面的正反两面刻有 12 个大格，每个大格代表两个小时。当太阳光照在日晷上时，晷针的影子就会投向晷面，太阳由东向西移动，投向晷面的晷针影子则慢慢地由西向东移动，移动着的晷针影子好像是现代钟表的指针，晷面则好像是钟表的表面。图 2.1 是北京故宫博物院的日晷仪。

井辘轳（图 2.2）是从杠杆演变而来的汲水工具，早在公元前 1100 多年前，中国就已经发明了辘轳。到春秋时期，辘轳就已经流行。辘轳有 3 只脚，稳妥地立在井口上，上装可用手柄摇转的轴，摇转手柄可使水桶一起一落，从而提取井水。

图 2.2　井辘轳

图 2.3　牌坊

牌坊（图 2.3）是中国传统文化的代表物之一。牌坊是古代官方的称呼，老百姓俗称它为牌楼。根据文献记载，早在周朝就有了牌坊，早期的牌坊就是两根立柱加一个横梁，且都是木制的。牌坊是封建社会为表彰功勋、科第、德政及忠孝节义所立的建筑物，也有一些宫观寺庙以牌坊作为山门，还有一些地方用牌坊来标明地名。

图 2.4　耧

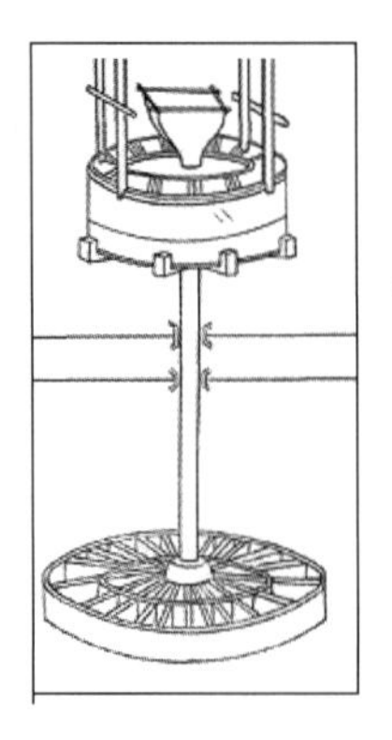

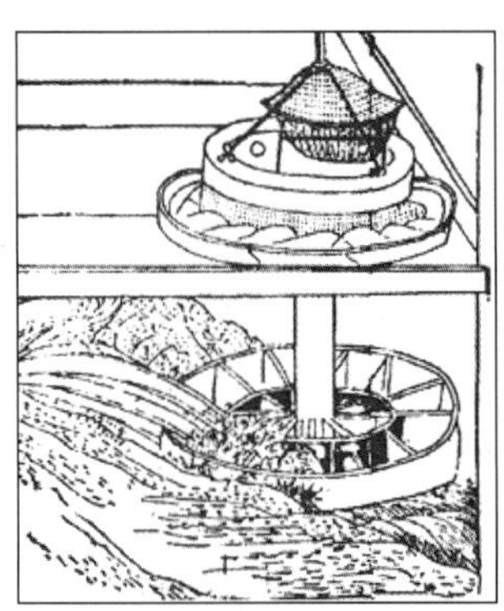

图 2.5　石磨

耧（图 2.4）也叫耧车、耧犁、耙耧，是一种畜力条播机，已有 2000 多年历史，是现代播种机的始祖，可播种大麦、小麦、大豆、高粱等。耧车由 3 只耧脚组成，耧脚下有 3 个开沟器，播种时，用一头牛拉着耧车，耧脚在已被平整好的土地上开沟播种，同时进行覆盖和镇压，一举多得，省时省力，故其效率可以达到“日种一顷”。

石磨（图 2.5）是用来把米、麦、豆等粮食加工成粉、浆的一种机械。石磨通常由两层圆石组成，两层的接合处都有纹理，粮食从上方的孔进入两层中间，沿着纹理向外滚动，并在滚动时被磨碎形成粉末。石磨发明于春秋末期，到了晋代，人们发明了用水做动力的水磨。

图 2.6　水井

水井（图 2.6）出现年代为距今约 5700 年。水井出现之前人类逐水而居，只能生活于有地表水或有泉的地方。水井的发明使人类活动范围扩大。为了适应不同的地层条件，人类发明了斜井、水平井及坎儿井。例如在故宫内，建有 70 多口深井，分别用于做饭、洗漱、刷马桶、消防等。

图 2.7　长信宫灯

这是一件实用的汉代铜灯，整体制作为一个跪坐着、双手捧持灯盘的宫女形象（图 2.7）。宫女身体是中空的，头部和右臂可以拆卸下来。宫女的左手握着灯座并托起灯盘，右手提着灯罩，灯焰在圆形灯盘里燃烧，散发出的烟就通过右手排进宫女的体内，避免污染室内的空气。灯盘、灯座、灯罩都可以拆卸下来，灯盘还能够任意调节照射角度和亮度。可见，这盏灯的构思十分科学巧妙。

相传，尧时立木牌于交通要道，供人书写谏言，针砭时弊，作为行路识别方向的标志，这就是华表的雏形。远古的华表皆为木制，东汉时期开始使用石柱作华表。后来，华表的作用已经消失了，成为竖立在宫殿、桥梁、陵墓等前的大柱，成为皇家建筑的一种特殊标志，如图 2.8 所示。

方尖碑是古埃及崇拜太阳的纪念碑，其历史可以追溯到古埃及中王国时代（约公元前

图 2.8　华表

2133—前 1786 年），每逢大赦之年或者战争胜利，法老们会刻碑纪念，碑身刻有象形文字的阴刻图案而且通常成对地立于神庙塔门前两侧。方尖碑整体外形呈方柱状，由下而上逐渐缩小，顶端呈正四棱锥状，塔尖通常用金、铜或金银合金包裹装饰。方尖碑一般以整块重达几百吨的花岗岩雕成，四周通常刻有歌颂太阳神、纪念法老的文字及装饰性图案。图 2.9 是位于埃及卢克索神庙前的古埃及方尖碑，另外一个与之对称的方尖碑目前竖立在巴黎协和广场。

图 2.9　方尖碑

古代波斯风车（图 2.10）是迄今已知的最早的风车设计，其历史可以追溯到 3000 年前的古代波斯，这一地区的强风几乎总是朝着同一个方向吹，所以早期的风车是为盛行的风而建造的，它们有竖直的轴和垂直排列的翅膀，并不是我们今天看到的风车的模样。2000 多年前，中国、古巴比伦、古代波斯等国曾利用风车提水灌溉、碾磨粮食。12 世纪以后，风车在欧洲发展迅速，人们利用风能来提水、取暖、制冷、航运、发电等。当下，最具代表性的风车就是荷兰风车（Netherlandish Windmills），荷兰处在地球的盛行西风带，一年四季盛吹西风。同时，它濒临大西洋，又是典型的海洋性气候国家，海陆风长年不息，这就给缺乏水力、动力资源的荷兰提供了利用风力的优越条件。目前，象征荷兰民族文化的风车，仍然忠实地在荷兰的各个角落运转。

公元 74 年，古罗马由于处于战争时期，导致国库亏空，为了筹集资金，建立了世界上第一个公共付费厕所（图 2.11）。人们在石板上开个孔洞修建坐便器并沿着墙壁连续排列而成，下面是深深的沟渠和完善的水循环系统，沟渠里的水可以进行流动冲洗；天冷的时候，厕所还配有热水供暖地热系统进行保暖。

图 2.10　古代波斯风车

图 2.11　第一个公共付费厕所

2.2　公共设施的再设计

2.2.1　再设计

再设计就是对现有产品设计的再创造，赋予其新的内涵和生命。再设计的理念强调设计师要重新面对自己身边的日常事务和事物，从熟知的日常事务中寻求设计的真谛，赋予日常生活用品、材料新的生命。“工业设计”这个在西方工业文明进程中形成的行业，在“知识经济”到来之际日臻成熟，它从“行业”中不断反思、不断调整，再设计也就应运而生了。再设计是人类文明和文化的延续，是创造力发挥的新原点。设计是为满足人的需求而存在的，因为人类的需求永远不会停留在某一点上，所以设计也必须经历再设计的过程。同时，再设计也是激情升华和灵感再现的过程，它能使设计师重新寻找和燃起创作的激情，并使之更猛烈，这就是设计所具备的魅力。设计不应仅在视觉上给人带来一种享受，同时也应使人们不自觉地产生一种美好的联想。这种联想是对我们以往生活经验的延续或颠覆，如果巧妙地利用这种联想，产品将为生活增添许多乐趣，似乎生活中又多了一个与你对话的伙伴。再设计使产品如此贴近人们的生活，把社会中人们共有的、熟知的事物进行再认识，当你接受它的时候，就意味着接受一种新的生活方式和生活理念，它并非鸡毛蒜皮、毫无意义，它所体现的是一种人类的文明和文化。随着社会的进步与城市的发展，公共设施的概念不断得到深化和演进，现代公共设施涉及的生活化、人性化诉求越来越全面。科学技术的进步和工业制造手段的完善，都对公共设施的发展起到了很大的促进作用。如何将这些古代的文化遗存利用好不使其废置，让其在现代社会中发挥作用、服务大众，是一个非常具有研究价值的课题。多年来，编者一直致力于对现代科学技术、设计理念、造型手法、新能源及新材料与中国古代公共设施的探索与研究，力求使中国古代公共设施产生应有的当代价值与意义。

这里我们以水车的再设计为例进行深入探讨。水车（图 2.12）是中国古代最具代表性的公共设施，是我国古人创造出来的充满智慧的用于提水灌溉的工具，时至今日已有 1700 余年的历史，现已成为我国珍贵的历史文化遗产。图 2.13 所示的公共滤水车设计曾荣获

图 2.12　天工开物中记载的水车

【水车】

图 2.13　公共滤水车效果图

2017 年德国 iF 设计大奖——专业概念大奖，得到了世界工业设计界的肯定。在设计的过程中，设计师做了大量的调查和研究，包括对水车的历史发展脉络的梳理、动力的来源、最初的作用、文化价值等。只有通过现代观念的诠释与当代科学技术的注入，古代水车才能真正具有当代价值，而不是仅仅作为一个装饰环境的景观符号而存在。那么，饱含着古人智慧结晶的水车能否在新时代设计环境中绽放出新的生命力呢？公共滤水车这个设计概念是经过长期的设计教学、设计思考、设计实践积累的结果。

公共滤水车主要针对偏远地区、经济不发达地区的人们没有办法获取干净的饮用水问题而设计，其前提是公共滤水车将被建置在距离人们居住地较近的河流中。公共滤水车能够在不改变当地人取水习惯的同时，通过过滤、净化河水的方式改善水质，从而解决由于生活用水不干净而带来的一系列生活、健康问题，提高当地居民的生活质量。图 2.14 为公共滤水车的使用环境图。

公共滤水车的主要造型语意来源于中国传统水车，是对中国传统水车的再设计，这种设计造型来源使得现代的公共滤水设施具有浓郁的文化特色。无论从使用功能还是从设计情感化角度上讲，利用中国传统水车的造型作为公共净水设施的外观进行再设计，这是一个非常好的选择。在设计过程中，设计师融入了许多现代的设计语言及造型手法。造型设计方面，在传统造型的基础上融入一些时代感较强的现代因素，即采用工业化的模块手段，利用各种功能模块的组合来完成这件净水设施设计。模块化的设计手法既使“传统水车”这一设计元素富有生命力、时代

图 2.14 公共滤水车的使用环境图

感，又符合了当下社会的审美需求。模块化的组合方式能够在不破坏原有传统水车造型的基础上，将原有的造型语言与现代化工业造型手段相结合，不但可以使这件净水设施适合工业化大生产，还能够在净水设施需要安装、修理及维护时进行简单快捷的拆装，省时省力。

公共滤水车是利用传统的竹筒水车的工作原理设计而成的，其三视图如图 2.15 所示。将水车建置于河流中，由水流推动水车的水斗转动。只要河水不枯竭，滤水车就可以一直运转，能够高效净水，是永不枯竭的“净水工厂”。

在功能模块规划方面，由于传统水车需要有轴心作为旋转参考点，而滤水车又需要一定的存储空间来储存过滤后的水这两大问题，设计师在设计的过程中巧妙地将两者结合在一起。传统水车的转轴是一个圆柱体，可以将其看成一个旋转中心点。设计师将位于传统水车转轴位置的圆柱体放大，使传统水车的转轴位置被掏空，形成了一个巨大的圆柱形空间。这个圆柱形的空间同样可以被看作一个旋转中心点，公共滤水车就以这一空间在作为旋转轴。有了这一储存空间，滤水车就有合理的位置来储存过滤后的水。储存空间在作为公共滤水车的水斗转轴的同时，设计师将过滤河水用的现代科技成果“滤芯”置入圆柱形储存空间的内部，以保证“滤芯”和储存空间两者在外观上仍然是一个圆柱形，没有多余的造型影响水车的旋转。这样的设计规划既能够节省空间，又符合设计功能与需求。由于水车转轴必然会距离地面有一定的高度，所以只要在圆柱形储存水空间的最下方安装一个水龙头，就可以解决公共滤水

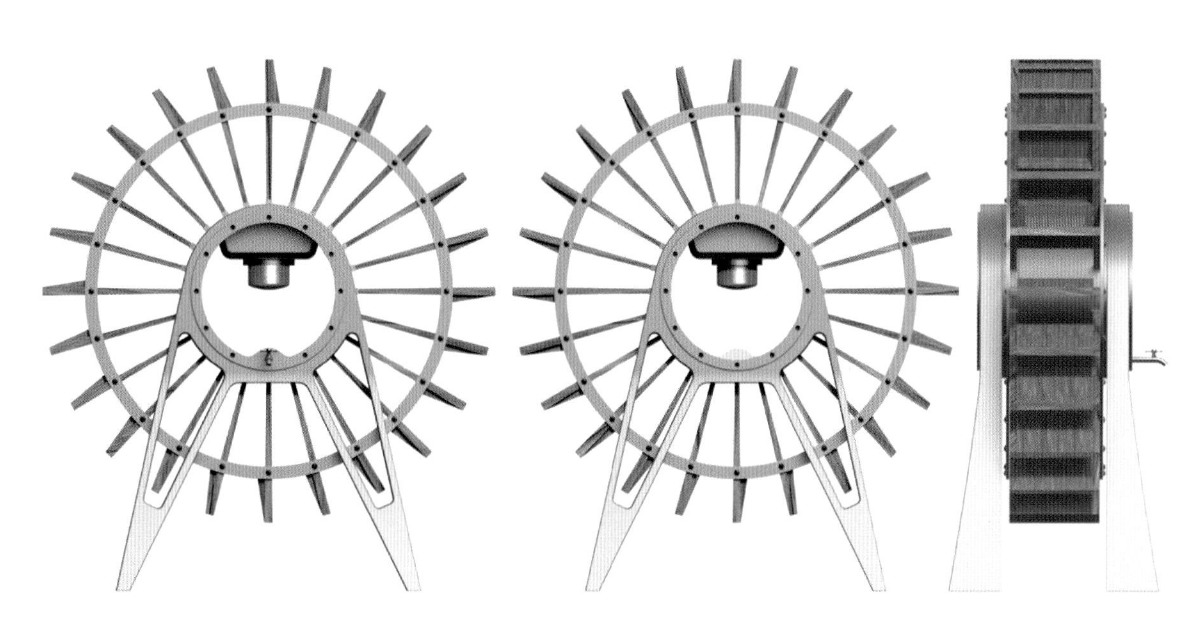

图 2.15　公共滤水车三视图

车周围居民取水的问题。水龙头距离地面的高度根据人机工程学要求来设置，符合使用者的需求。

公共滤水车作为一款可以放在公共环境中、安装简易、动力能源较为容易获得、方便使用的净水设施设计，能有效地解决偏远地区净水问题。通过再设计的手法，公共滤水车改变了传统水车的使用功能和用途，运用传统水车的提水原理，实现了为人们提供纯净饮用水的功能。中国传统水车原本的设计定位是用来灌溉，这个设计定位与净水设施中“水”这个设计要素相关联。传统水车放置在河流中，除了河水的动力势能，在运转的过程中不需要其他能源辅助，符合当下绿色环保、可持续发展的理念。与此同时，由于中国古代农业经济的特点，一架传统水车往往针对多家农田，不仅仅给一家农户供水。正是这种使用方式，使得传统水车自身就是一件具有公共性及公共价值的设计作品。中国古代水车的动力来源，就是将水体本身的重力势能转化为动能，达到水体中“永动机”的状态。经过各方面综合分析，公共净水设施放入河流中，并且通过中国古代水车的运行原理和对中国古代水车造型的再设计来解决偏远地区净水问题较为切合实际。

在功能方面，设计师将竹筒车进行深化设计，包括整体的形态、提水方式、盛水方式、新功能的注入等。在河水重力势能的推动下，水斗可以将河水源源不断地倒入位于公共滤水车正上方的过滤网，使河水通过过滤网后进入位于内部的过滤芯中。过滤设备可以过滤掉杂质、吸附掉肉眼看不见的微型颗粒，灭菌杀菌等，使自然中的水资源能直接净化，达到直饮水的要求。图 2.16 为公共滤水车的使用功能分析图。

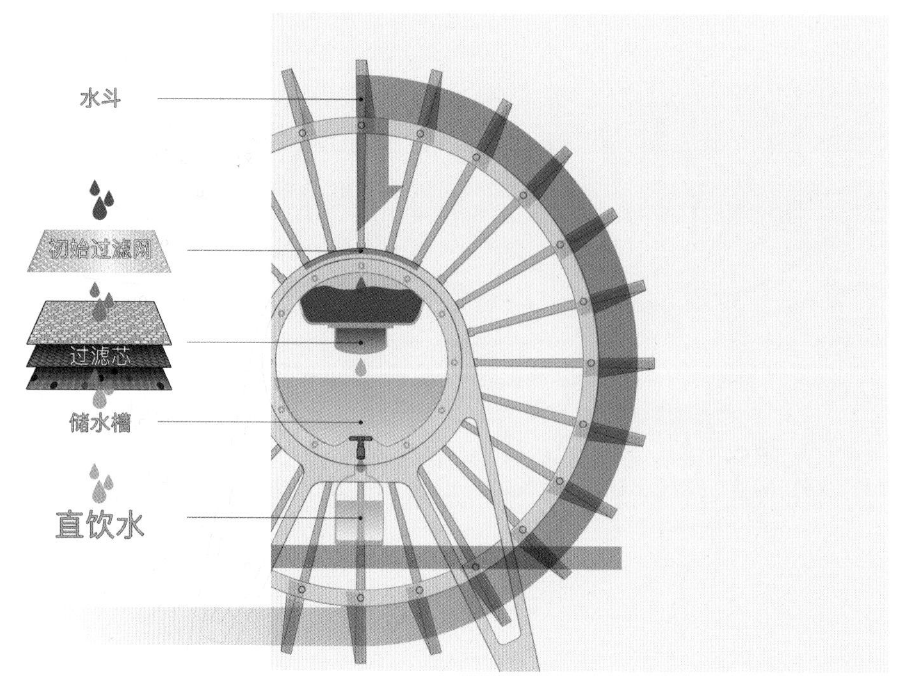

图 2.16　公共滤水车的使用功能分析图

这些过滤后的水可以储存在水车的储水器里，储水器的最下方设置有水龙头。内外的压强差可以使得水龙头开启后，直饮水垂直向下流动，而不需要额外的压力进行辅助。使用者可以直接使用盛水器来直饮纯净水，使日常取水的过程变得更加方便。

在公共滤水车设计材料的选用上，设计师将不锈钢金属作为滤水车的整体结构框架；储水仓的外圆柱表面是透明玻璃，可以让使用者直观地看到舱内水量；用来提水的水斗则选用抗水性强的生态合成木，以保证传统水车的历史文化印记。在设计功能模块方面，公共滤水车一共分为以下几部分：提水用的合成木水斗、支撑用的金属支架、进水用的初沙石金属过滤网、滤水用的过滤芯、盛放直饮水的储水器和出水用的水龙头。图 2.17 为公共滤水车的爆炸图。

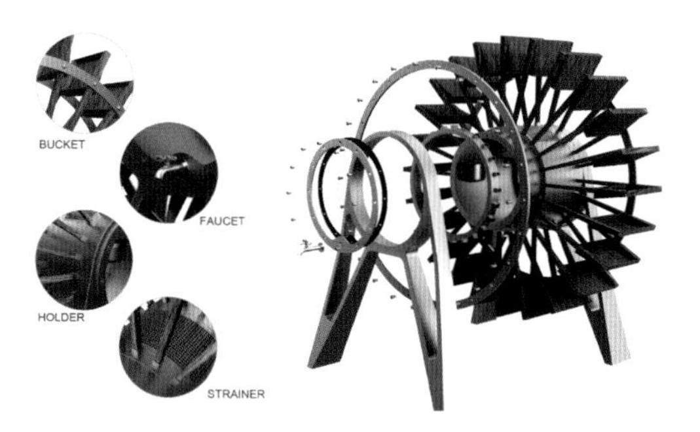

图 2.17　公共滤水车的爆炸图

其中，每一个水斗与整体支架的部分都采用螺扣的硬性连接方式，这种方式可以使水斗与整体支架之间的联系更加紧密且易于更换。而且，在透明玻璃与最前方固定面板之间增加了一层橡胶垫片，使玻璃与金属固定件之间呈现出软性连接。这种软性连接可以避免玻璃与金属固定件之间存在缝隙，使整体储存空间的密闭性更好。通过螺扣硬性连接的模块化组合方式，使公共滤水车中的所有零件都为标准件。这些标准件受环境的制约小，生产成本低，生产加工方便，易于携带且组装便利，这使得公共滤水车不必再考虑过多的技术成本与经济成本，大大降低了推广难度。

公共滤水车是通过对中国传统水车的再设计完成的现代化设计，其自身保留了中国传统水车的部分设计元素，可以让观者在见到公共滤水车设计作品时，第一时间将公共滤水车和中国传统水车建立联系。可以说，公共滤水车是对充满智慧的中国传统水车的现代诠释，是中国古代产品设计的生命延续。传统水车作为中国古代产品设计的一部分，是中国古人知识与技术的结晶，它和四大发明一样，是中国智慧的结晶，它不应该被泯灭在历史的长河之中。公共滤水车设计赋予了传统水车时代的意义，这种将现代设计概念带入传统作品中的设计方法，能够使古代传统水车等一系列具有历史价值的中国古代设计作品在时代发展中绽放出新的光彩、被赋予新的力量。

传统水车的民族性、文化性和历史性极强，而公共滤水车则在保留其民族性、文化性及历史性的同时，针对当下生活中的需求，切身解决实际问题。可以说，公共滤水车这一设计是民族的，也是世界的。说其是民族的，是因为公共滤水车来源于中国传统水车，带有浓厚的民族特色；说其是世界的，是因为公共滤水车设计没有局限于某一地域，而是站在全世界人们共同需求、共同关怀的角度上寻找的设计出发点。公共滤水车这一设计作品，其自身的文化意义和实际意义相辅相成，两者得到了很好的结合。公共滤水车是古代水车具备现代化意义的最好体现方式，也是中国古代产品设计现代化价值的最好体现方式。这种源自中国古代水车的文化价值

图 2.18　无人驾驶概念汽车 Tridika
设计师 Charles Bombardier 和 Ashish Thulkar 设计了一款可以飞檐走壁的无人驾驶概念汽车 Tridika（图 2.18）。从图上看，这款概念汽车就像镶嵌在高楼大厦外的电梯一样，但它真真切切是一辆汽车。从设计上来讲，它的外观采用长方形的盒子状设计，别看它不同于常规汽车的外形设计，但它的内部空间并不比传统汽车小，可以容纳 6 人。这款概念汽车采用磁悬浮列车的设计原理，通过电磁力可以悬浮在楼墙外并能够行驶自如。

下产生的公共滤水车设计，其自身带来的思考与含义，远比单一的公共净水设施设计更有意义。

回顾过往，当我们面对中国古代产品设计作品时，都能够在其中品味出不同的意义，每一次拜读设计史，我们都能够发现新的设计亮点，并会惊叹于中国古人的智慧。要想让中国古代产品设计能够在历史的长河中不被人遗忘，我们只有不断地将新生代力量注入其中，带着与时俱进的设计思考、观念来对其进行重新定位与设计解读，为其在当今社会中找到恰如其分的设计定位与设计价值。能够推动社会文明前进的设计思维，正如金字塔的结构一样，每一块石头都需要正确精准的位置定位和方向指引，最终才能铸就辉

图 2.19　Gecko Traxx 轮椅胎

这款便携且价格实惠的 Gecko Traxx 轮胎（图 2.19），它由天然橡胶制成，可回收利用。它是一套灵活的轮胎，可以安全地安装在轮椅现有的公路轮胎周围，可以很容易地放在一个小背包里，以便在遇到具有挑战性的地形时使用。Gecko Traxx 不仅可以使轮椅具备越野能力，而且在海滩休闲环境中也非常适用。

图 2.20　2019 Walk&Talk 艺术节临时场馆

2019 Walk&Talk 艺术节临时场馆（图 2.20），是个临时的低成本场馆，为了在设计和实施之间寻求平衡点，设定了以下基本目标：可回收再利用（如赫利奥场馆的气球），使用当地材料（如雪松木）以确保材料后续再利用。围合空间所用的材料来源：含有酒吧、厨房、机房和酒窖这类有防水需求的木屋，一个直径 6.8m 的回收利用来的气球，以及将上述元素连接在一起的织物。

该项目的混合特性体现了用未经修饰的不同元素形成反差的设计意图。从这个意义上讲，这个场馆的建造正是在表现一种矛盾性，这种矛盾性在于将不同结构和不同材料（织物、充气气球、由当地木材制作的支撑结构）的元素共置。同时，它一半坚固、一半漂浮。这个场馆就这样建立在实物和空灵之间、骨骼和经络之间、坚固稳定和虚无缥缈之间，给人一种不同寻常的空间体验。举个例子，顶上的织物原本用来航海，它的声音和震动用于在航海时感受自然风。在这里，整体结构内的应力也随着天气的变化而变化，通过传导引起屋面轮廓变化。这些特质与场馆的体验和感知融为一体，让人在琢磨其形式的同时，进一步探索其内在的关系。

煌，从而长久屹立、坚不可摧。虽然我们不知道未来的设计会如何发展，但是随着科学技术的进步，让中国古代产品设计与新时期不同的技术发展相碰撞，它们就会绽放出新的光芒。

2.2.2 再设计的内涵

再设计可分为两个层面，第一个层面的再设计是对产品本身的不断完善，即自身的提炼和进化，使之在造型、结构、细节、功能、材料方面越来越完美。这种自身不断完善的再设计过程总是沿着一条抛物线轨迹展开，越接近最高境界越趋于完美，同时再设计的空间也越来越小，每一件设计精品都经历了这样的再设计过程。

第二个层面的再设计是由一个母体为源泉，引发另一件或另一个系列作品，它们之间有质的联系，拥有共同的核心特征，是相关联的成组或成套的事物。这种再设计是沿着水平发展的轨迹演进，甚至产生无止境的延续。参照母体的来源至少有两个渠道：一个渠道是以传统的经典设计为母体，对其进行创新，产生更符合时代特征的形式；另一个渠道是以调侃、幽默的手法对经典设计进行颠覆、解构，把这些日常熟知的东西陌生化，捕捉到新鲜感，从而产生使人会心一笑的乐趣。

法国的城市设计公司 HeHe 设计了一款能在铁轨上行驶的玻璃罩小车（图 2.21）。这个设计与传统的轨道交通完全相反——列车质量较轻、存在时间较短，同时行驶速度很慢。列车

图 2.21 玻璃罩小车

采用电力驱动，并使用太阳能电池板充电。

在拦车墩上面增加椅子靠背，使其变成一种两用的公共设施。虽没有美丽的外形，但实用价值很高，如图 2.22 所示。

图 2.22 拦车墩靠背椅

2.2.3 可持续性的再设计

再设计也是“可持续性设计运动”的一个重要组成部分。现在，一种产品在使用期内的环境成本大约有 80% 取决于设计。倡导环保的观念在设计阶段就应该被确立，设计出效率更高、浪费更少的产品和服务，避免出现以往那种先污染后治理的情况。与传统的设计相比，再设计在减少废料、降低能源与材料消耗方面提出了更高的要求，因此设计过程本身必须进行重新设计，这就是再设计。

对于再设计，最常见、最容易理解的就是废物利用，再设计绝不仅仅只是利用废料，变废为宝。再设计反对的是浪费和奢华，而不是高科技。事实上，为达到可持续发展的目的，再设计会比传统设计方式采用更多的高科技材料，但再设计能够更加合理地把高科技的潜力充分发挥出来，而不是简单地用高科技堆积出一项产品设计。在再设计的观念中，高科技不再是目的，而是一种手段，一种让人类能够更长久、舒适、快乐地生活下去的手段。

思考题

(1) 古代公共设施有哪些种类？列举其中 3 个案例进行工作原理分析。
(2) 选取 1 个传统公共设施进行再设计，要求具有当代性和使用价值。

第 3 章
模块化的形式创新设计

本章要点

■ 标准化是模块化设计的基础。

■ 模块化的形式创新设计。

本章引言

模块化是公共设施形式创新的基础，而标准化又是模块化设计的基础，本章通过大量的图例，就标准化、模块化及其之间的关系，如何通过模块化进行公共设施的形式创新设计，进行了全面系统的介绍和阐释。

3.1 标准化是模块化设计的基础

国家标准《标准化工作指南 第1部分：标准化和相关活动的通用词汇》(GB/T 20000.1—2002）对“标准化”的定义是：“为了在一定范围内获得最佳秩序，对现实问题或潜在问题制定共同使用和重复使用的条款的活动。”标准化主要包括3方面：一是物质资料的标准化，如原料、材料、半成品、成品的品种、规格等的标准化；二是方法和程序的标准化，如作业方法、试验方法、检验规程、安全规则等的标准化；三是概念标准化，如采用统一的图形、符号、名称、术语等。而公共设施的标准化设计则是利用已有的标准化材料或者对材料进行标准化制定，以这样的材料作为公共设施设计的基础，然后将设计思想体现在标准件之上，从而减少材料的加工成本，方便设计的流程，加快施工的速度。最大限度地使用已有标准化材料，将标准化材料加工成标准化的模块单元，以便于实地拼装和使用。它具有较高的灵活性、适应性和便捷性。相关案例如图3.1～图3.3所示。

这是由Ganti&Asociates (GA) Design Consultants设计的孟买贫民窟集装箱摩天大楼，该方案赢得了国际创意大赛的奖项。该方案设想为孟买人口过剩的达拉维贫民窟提供临时住房，设计了一座前卫的集装箱摩天大楼。建筑师设计的建筑高达100m，由一系列自负载集装箱群组成，每8层设置钢梁进行划分，每间公寓都由3个标准尺寸的集装箱组成。该设计通过交错的形式达到符合审美和人体工程学的目的。较低楼层悬臂上的楼板可形成带顶的走廊，住户单元围绕电梯和楼梯的核心筒呈对称排布。入口被用作垂直水电供应的管井，入口西侧有太阳能板，东侧有微型风力涡轮机，可以提供混合型电力。考虑到可持续性，每个集装箱都从孟买附近的港口回收，并使用当地回收的砖块建造该大楼开放式走廊的幕墙。太阳能电池板布置在建筑南面和西面，并设有微型风力发电机来产生电能。

图3.1 交通灯与指示牌

图3.2 公园娱乐设施

【摩天大楼内部空间展示】

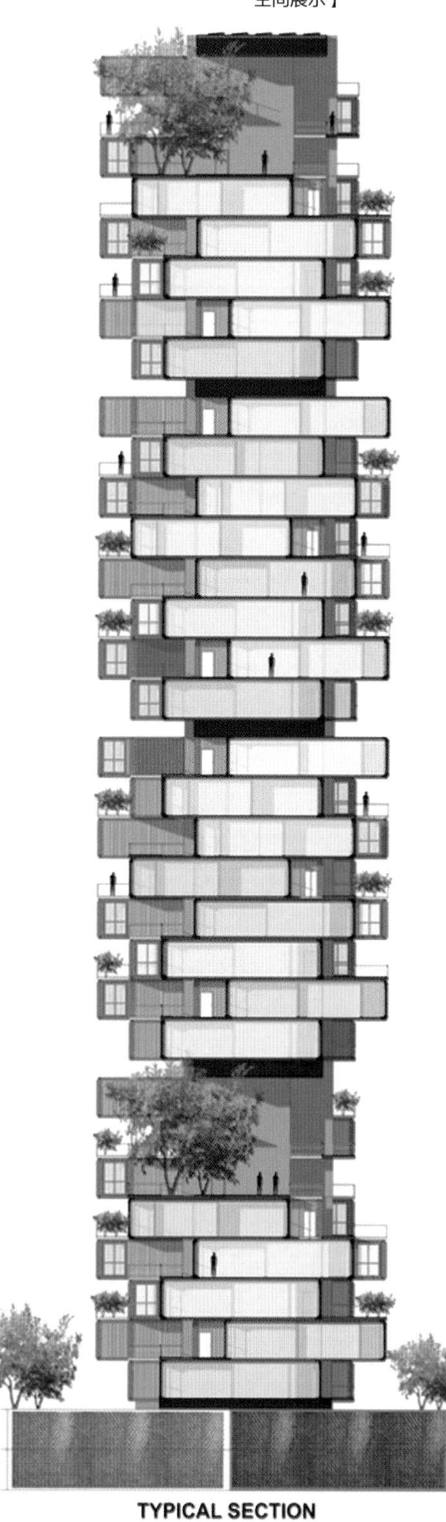

图 3.3　孟买贫民窟集装箱摩天大楼

3.1.1 标准化的必要性

公共设施的标准化是现代化工业生产发展的客观需要，是生产上、技术上实现集中统一、协调和互换的保证。实行公共设施的标准化，有利于提高公共设施的质量和使用率。标准化的实现，需要国家建立相应的法规来进行规范，这样才能更好地服务于社会大众。实现标准化不仅可以更好地完善公共设施的功能，而且可以简化生产流程，还可以节省能源。标准化设计有助于公共设施各部件的自由组合和重新构造，形成不同的组合方式和新的功能，大大促进了公共设施的模块化程度；能提高设施各部件的重复利用率，大大减少材料和资源的浪费；还能方便公共设施的运输、组装、维护和管理，减少相关人员的工作负担，也节省了大量的人力物力。设计时尽量选择标准件的连接方式，部件之间避免使用黏合剂，以减少对环境的污染和对人体的伤害。选用标准件连接成的公共设施如图3.4～图3.6所示。

图3.4 星巴克广告牌

3.1.2 公共设施的标准件

标准件是指结构、尺寸、画法、标记等各个方面已经完全标准化，并由专业厂生产的常用零（部）件。标准件的使用标准主要有中国国家标准、美国机械工程师协会标准等。人们通常把已有国家标准的紧固件称为标准件，标准件具有极高的标准化、系列化、通用化程度。标准件的选择应在满足环境、使用功能和美化功能的基础上，充分考虑材料的性能及适用范围，对材料进行合理的搭配使用，以达到理想的效果。同时，在选择使用标准件时，应从稳固性、长远性、经济性的角度考虑，既要满足设施目前的功能、外观需要，又要考虑以后环境的更新变化，保证总体上的经济性。公共设施的标准件通常包括：紧固件与连接件（螺栓、螺柱、螺钉、螺母、自攻螺钉、组合件和连接副等）；标准板材、管件、型材这些标准材料只是国家标准的一部分，此外还有很多种类的标准件，但因为在公共设施的设计领域对标准件的利用还不够充分，所以设计师应熟练掌握常用标准件、常用材料的标准尺寸、规格，并利用其本身特定的属性和标准来设计，以减少材料的加工成本，方便设计的流程，加快施工的速度。利用标准件建造的公共设施如图3.7～图3.9所示。

图 3.5　游乐设施楼梯

图 3.6　公园娱乐设施（一）

图 3.7 HIBIKI 街角

图 3.8 街道护栏

图 3.9　公园娱乐设施（二）

3.2 模块化的形式创新设计

模块化是一种系统的产品或服务的方法，它可以在产品或服务的设计、生产与消费中得到运用。模块化设计主要包括“模块化设计”“模块化生产”“模块化消费”“模块化管理”等几大理念。这里的公共设施的模块化设计主要研究的是“模块化设计”范畴，一般来说，模块化产品是由两种以上的基础模块组成，这些模块具有相对独立的功能和一致的几何连接口，相同种类的模块在产品族群中可以分解、互换、重组、集成，相关模块的排列组合可以形成形式多样的族群产品。模块化的产品设计可以达到以下几个目的：不同基础模块的组合配置，可以创造不同的产品，满足客户的特定需求；减少产品生产的复杂程度；模块在系列产品中可以进行互换，以产生不同的功能，满足不同使用者的需求。无论什么样的设施产品，都可以看作由相对独立功能的几何形体所组成。这些基本的几何形体可以看作标准基础模块单元，由标准基础模块单元就可以组合出不同形态、功能的产品，并最终实现产品的功能。产品客观形态的这种组合、构成规律为模块化产品艺术设计方法提供了实践依据。尽管模块化有着种种优势，但并非所有的产品与服务都可以或都需要进行模块化。模块化程度取决于设施系统的可分性与需求的多样性，并且在这个过程中不会失去原有的功能。如图 3.10 所示的木质摩天大楼就是利用模块化的形式所做的创新设计。

图 3.10，木质摩天大楼

3.2.1 模块化设计的特点

模块化设计从一个新的角度诠释了产品设计，在强调功能性的同时，考虑不同使用者的功能需求。模块化的产品具有灵活、设计精巧、搬运方便、拆装简易等优点。模块应有特定的结合要素以保证组合的互换性和精确度。模块化设计的实现需要有新科技、新材料、新设计思维的支持，应具备配套的标准件、连接件的基础，设施系统的可分性是产品模块化的前提。

模块化设计的特点主要有以下几点。

(1) 产品结构形态的模块化、统一化使公共设施产品的设计有了较大的可预见性。

(2) 拆分简单，组合方便、快捷，产品有着强大的扩展性和兼容性，可组装出多款式、多规格的族群产品。

(3) 产品部件的互换性不仅减少了施工的工作量，而且降低了产品制作成本，还便于产品的维护。

(4) 拆下的零部件易于分类回收和处理，有利于低碳环保和产品设计的可持续发展。

图3.11所示为具有模块化设计特点的Duno椅子。

图3.11 Duno椅子

3.2.2 模块化设计的分类

将产品模块进行科学的分类，可以提高设计和制造的质量和效率。产品模块大致分为以下几类。

1. 功能模块

功能模块是建构产品的主要模块、基础模块，将功能模块组合起来，可以构筑起产品的框架。

2. 形态模块

形态模块是产品形态的主要体现者，对构建终极产品整体形态起着重要作用。形态模块以产品功能模块为基础，两者相辅相成，不可分割。形态模块用于辅助产品的功能模块发挥功能作用。

3. 外观模块

产品外观模块通常以产品形体模块为基础，是构建产品人文要素的主要模块，产品的款式、风格、功能和整体形态等，都可以通过外观模块设计体现出来，是产品设计语义的主要体现者。外观模块主要包括色彩、文字、图形、标识等要素。

图 3.12　Boxchool 模块化校舍

IDIM 设计实验室研究设计推出一款 Boxchool 模块化校舍（图 3.12）。超几何建筑生态体虽然在现代高层建筑设计中应用很多，但大部分仅是表面的应用，保持结构优于环境的优先权，绿色服务主要做外观展示。而该设计将这个状况转变成一种新的建筑形态，这也是一种预制的模块化系统，将高层建筑重新构想为用于生活和成长的垂直和侧向系统。

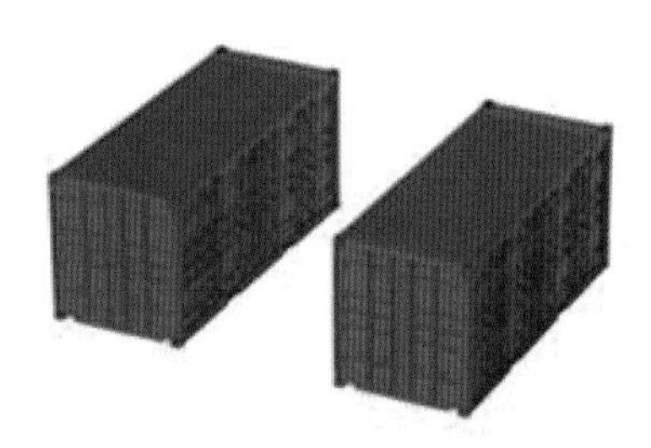

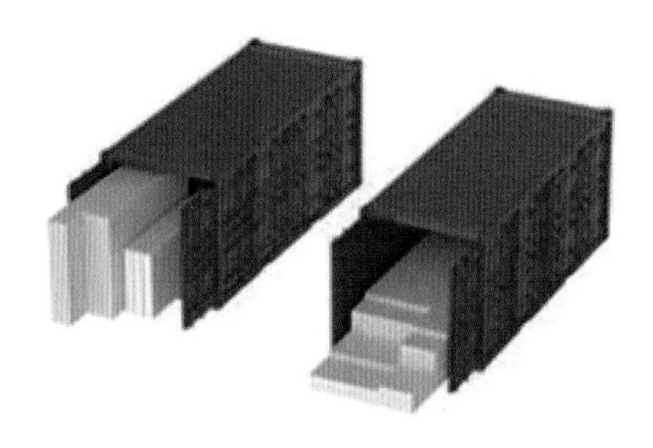

1 Shipping

Ship 2 containers of Boxchool.

2 Unbox

Unbox the containers.
All the assembly parts are delivered.

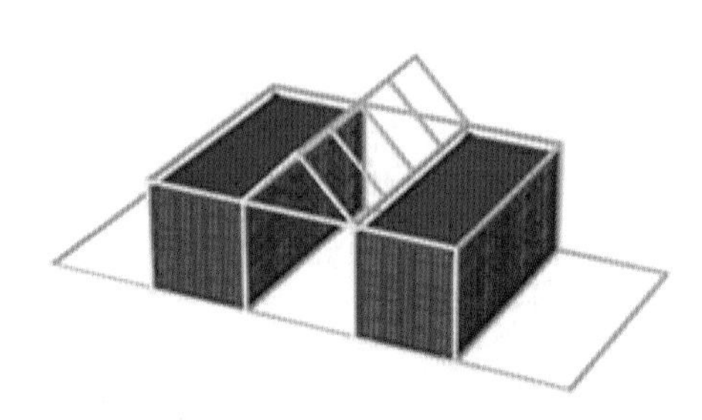

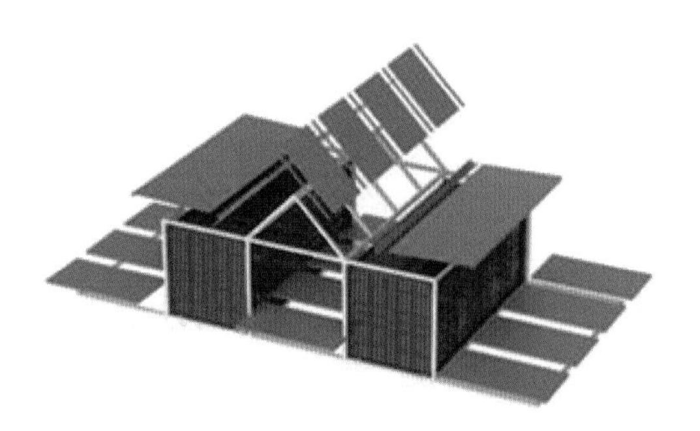

3 Assemble Frame

Assemble outer frame to the corner castings of the container with twist rocks.

4 Attach wall panels

Attach wall/floor/solar panels to the outer frame.

5 Complete

One unit of classroom is completed.
The additional parts can be installed.

6 Expand

More units can form a bigger school.

图 3.13　模块化排接的集装箱学校

IDIM 的设计师以集装箱作为学校的屋子，为了方便运输，集装箱内部的装饰采用模块式的设计，其中包括太阳能板、黑板、水槽、窗户和课桌椅子（图 3.13）。这样的设计降低了成本，并提供了自行配置的自由性。不要小瞧这样一个多功能集装箱，它具有自己独立的能源系统，有很好的通风系统和干净的水源，而且屋顶的 14 个太阳能电池板产生的电量足够 1 台笔记本电脑、1 台投影仪、8 个 LED 灯和 10 个平板电脑同时运行 6 小时。

图 3.14　木制仿生海胆亭

图 3.14 所示为奥地利因斯布鲁克大学师生联合设计的木制仿生海胆亭，位于奥地利的一个山坡上，用犀牛 Karamba 3D 参数化建模软件设计并建成。这个曲面的开放式结构由 30 个预制胶合板和 1500 个螺栓组成。木亭的形状酷似海胆，其优越的结构多年来启发并创造了无数的参数化结构设计。木亭整体长 7m、宽 5m、高 2.6m，它像蜂窝一样的海胆结构具有多个圆形开口。由于其每块胶合板仅有 6.5mm 厚，使得整个结构极为轻巧。木亭成为这个地区一处独特的景色，在夜里，室内光线照射出来，将整个木亭渲染得格外美丽，也将其复杂的空隙结构展露无遗。

【木亭展示及模型】

3.2.3 模块化设计的方式

模块化设计思路、设计方式是指设计师在设计中对产品的形态构建进行思考和比较，并按照产品形态构成规律将产品系统分解成若干基础模块。将产品模块化，既有利于产品整体效果的把握，也有利于简化设计工作程序，使一项复杂的设计工作变得有条不紊、有章可循。模块化设计需要设计师对所设计的产品有着深刻理解，明确模块的系统构成要素，以及模块之间共有的接口确定设施的整体结构，能够对产品系统进行功能分析，确定基础模块设计，以及模块之间的相互作用、组合关系及模块组合的最终结果。模块化设计的实现需要有新科技、新材料、新设计思维的支持，有相配套的标准件、连接件的基础，公共设施系统的可分性是产品模块化的前提。有些公共设施产品可以看作由具有相对独立功能的几何形体所组成。这些基本的几何形体可以看作标准的基础模块单元，由标准的基础模块单元就可以组合拓展出族群产品。产品形态的这种组合构成规律，为模块化产品的设计方法提供了实践依据。模块化程度取决于设施系统的可分性与基础模块的数量（图 3.15、图 3.16）。

图 3.15　公共 Bus 站设计（学生作品）/ 王莉莉，指导老师：薛文凯

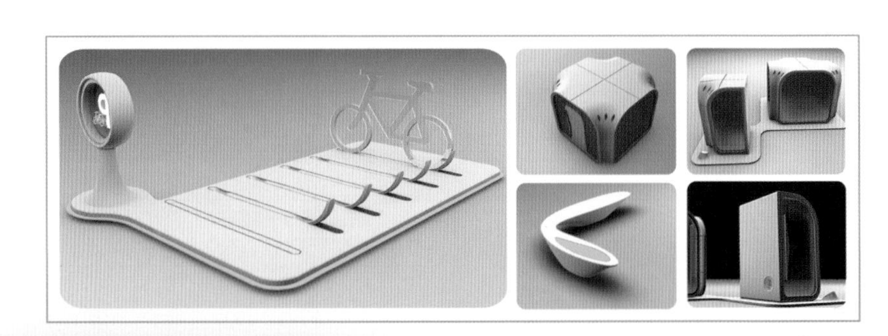

图 3.16　公共 Bus 站设计多角度展示图（学生作品）/ 王莉莉，指导老师：薛文凯

这是一个通过模块化设计进行形式创新的成功案例。该案例应用了模块化的设计理念，利用标准化功能模块这一最基础的元素组合，一步步拓展延伸，使每个单元元素可自由变化方向、材质，具有多样化特征。该设计通过模块的扩展达到功能上的扩展，首先，其对概念设计与目标群体进行分析，划分成几个功能区块，并将这些功能模块进行排列组合，确定最合理的几种形式；其次，关注人们在候车的行为情况，利用公共 Bus 站的功能和用途组合或拆分成不同的空间，其中的单元空间大多是可拆装的。

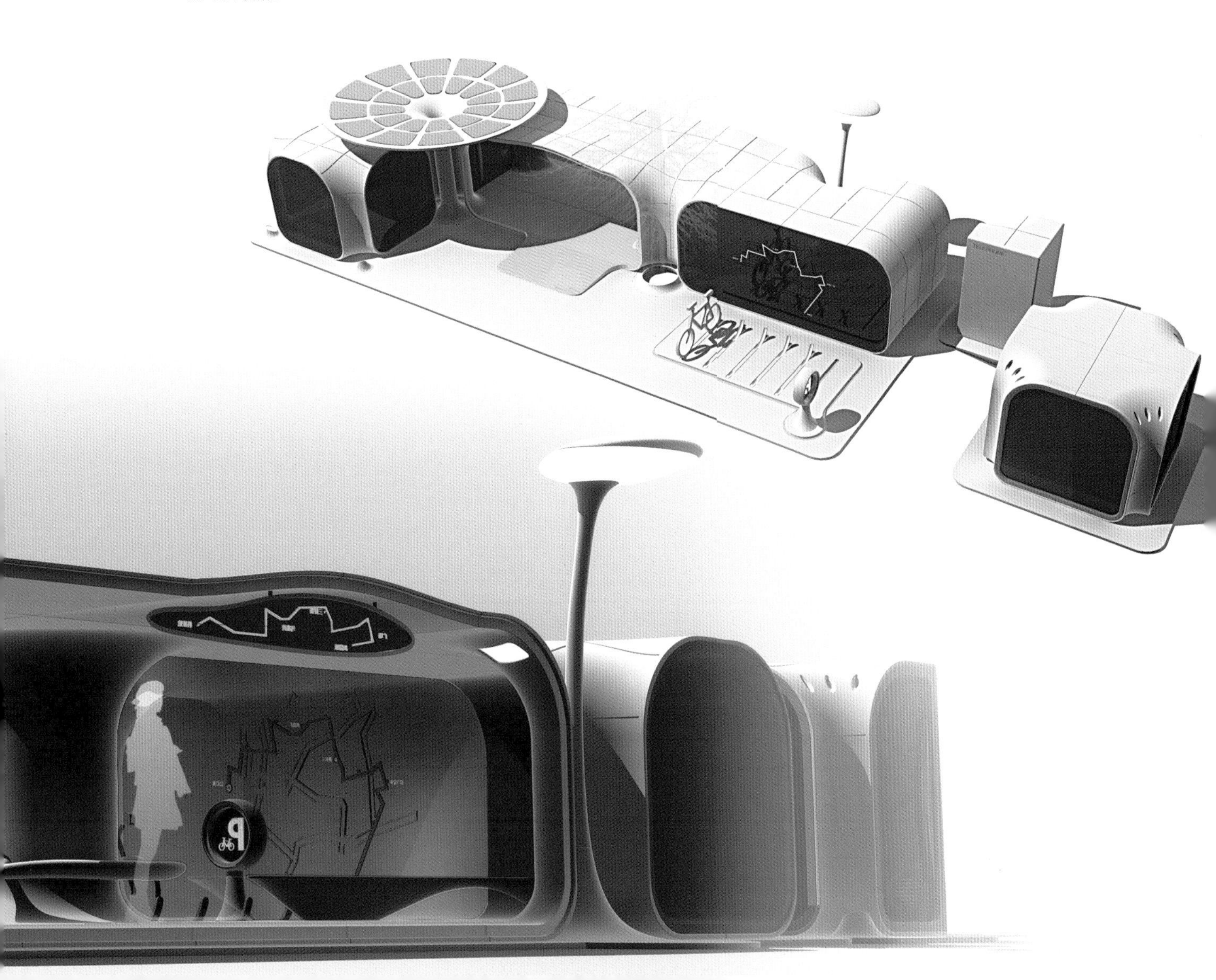

3.2.4 模块化形式创新设计的方法

模块化不仅是一种系统的产品设计或服务的方法，也是一种公共设施创新设计的方法。模块化主要包括模块化设计、模块化生产、模块化消费、模块化管理，这里主要介绍的是公共设施的模块化设计部分。

一般来说，模块化产品由两种以上的基础模块组成，这些模块具有相对独立的功能和一致的几何连接口。相同类型的模块在产品族群中可以分解、互换、重组、集成，相关模块的排列组合可以形成形式多样的族群产品。模块化设计从一个全新的角度诠释了公共设施设计的方法，从人性化的角度满足了使用者的需求。模块化产品具有组合灵活、搬运方便、拆装简易等优点。

图 3.17 所示的这些重症监护舱被称为 CURA，在拉丁语中是“治愈”的意思。Ratti 工作室、Carlo Ratti Associate 和麻省理工学院的 Senseable City 实验室正在用 CURA 的重症监护舱创建移动战地医院，它可以同时作为两个病人的生物控制单元。该研究团队在米兰的一家医院建造了第一个原型单元，这些单元可以像帐篷一样迅速建立起来，这将有助于控制感染，特别是帮助那些需要重症护理的急性呼吸系统疾病患者。这将确保医护人员在治疗感染者的同时保证自身安全，感染者在生物控制单元内有更好的康复机会。

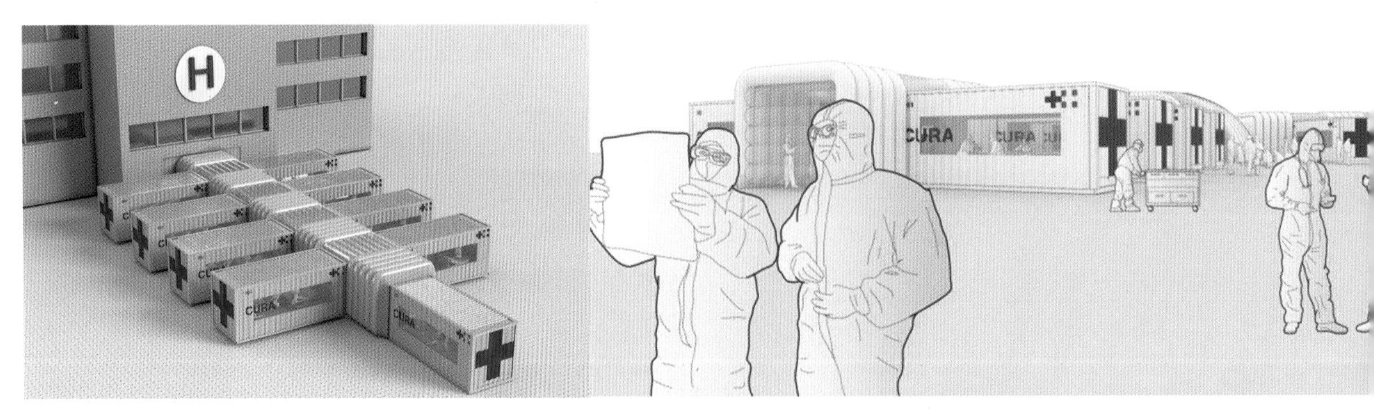

图 3.17 CURA 重症监护舱

如图 3.18 所示，监护舱可以非常迅速地组装和拆卸，因为它是一个海运集装箱，可以通过公路、铁路和水路快速地搬运，以解决世界各地对更多 ICU 的需求。设计师创建的 CURA 符合空气传播感染隔离室（AIIRs）的标准，通风系统内会产生负压，这样可以防止被污染的空气泄漏，从而减少健康者被感染的风险。每个 ICU 隔离舱拥有每名新冠肺炎重症监护患者所需的所有医疗设备，CURA 的巧妙之处在于它是模块化的——每个吊舱都可以作为一个独立的单元，多个吊舱可以连接到一个充气结构上，从而创建一个更大的重症监护中心。

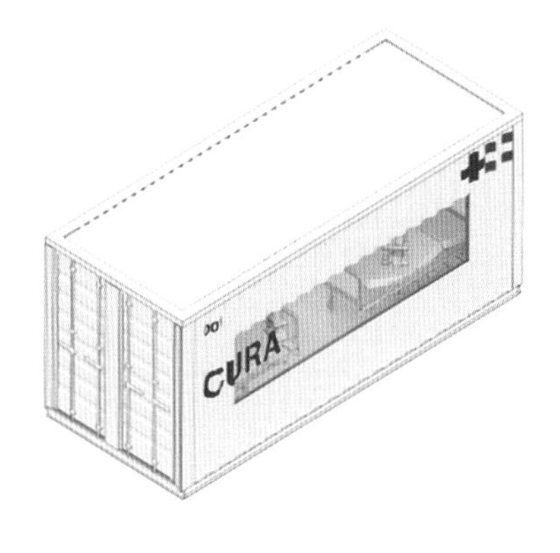

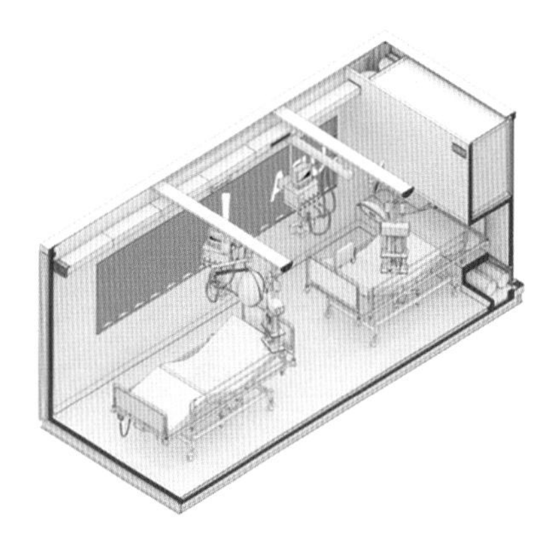

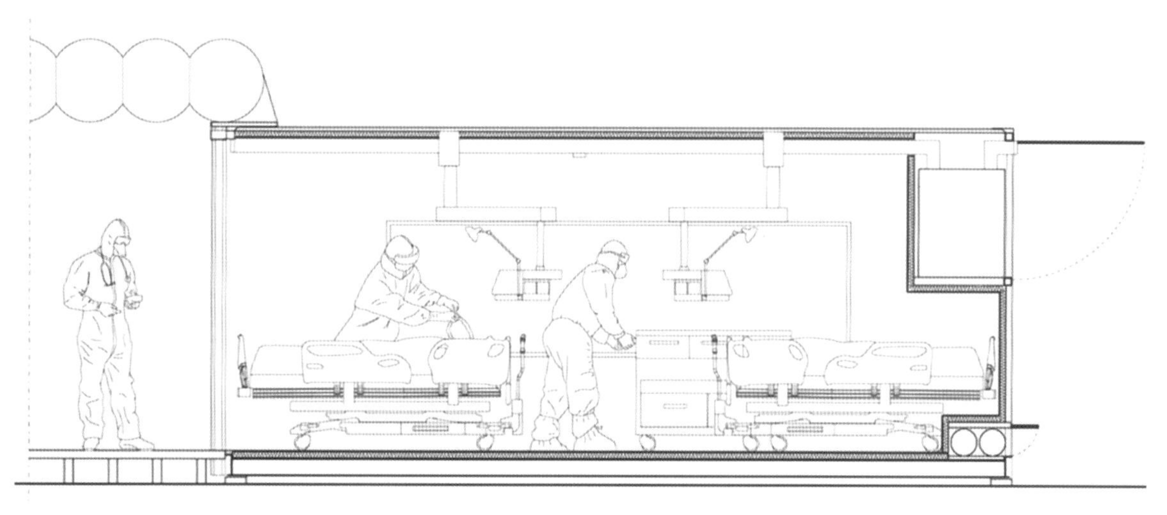

图 3.18　监护舱结构图

【监护舱组装方式展示】

思考题

(1) 什么是标准化？标准化与模块化之间有什么关系？

(2) 如何通过模块化进行公共设施创新设计？

第 4 章 材料创新公共设施设计

本章要点

■ 材料运用应注意的问题。

■ 材料的性能与工艺特征。

本章引言

材料是物质的实体，更是设计师表达创意理念、实现设计价值的重要载体。材料的设计与运用是公共设施创新过程中的重要环节。材料的合理使用不但能实现物质的形式美感，也能完善公共设施的功能需求，并且随着科技水平与工业技术的不断提高，具有优良功能属性的新材料不断推陈出新。例如，纳米功能材料、陶瓷材料、生物质复合材料和碳纤维复合材料等在公共环境中的使用，可实现优良的耐候性、耐腐性、疏水自清洁、抗紫外光老化，以及良好的物理机械加工性能等，尤其在节能环保及可循环利用领域实现了提效增益。材料的设计优化与完善，能够大幅度提升设计的附加值。因此，设计师必须了解材料的功能属性等相关知识，掌握材料的加工工艺，还要对材料发展的前沿领域要有所了解。通过对新材料的创新与运用，发掘公共设施设计的创新点，从而设计出新的公共设施作品，这是目前国内外公共设施设计领域发展的新风向。本章分析了大量的设计实例，从材料运用所面临的问题、材料的性能、材料加工工艺、材料的色彩运用等几方面简要探讨材料参与设计及提升设计价值的可行性。

4.1 公共设施与材料运用

公共设施因其所处环境特点、功能属性及艺术特征等，对使用材料提出了相应的要求，所以设计师在公共设施设计过程中要明确材料使用的原则和相关的设计策略，例如，对安全性、适用性、经济性和艺术性等应用原则的把握。首先，在设施的制造搭建和人们的使用过程中，材料的应用要排除危害性，做到没有毒害性物质的排放，以及结构稳固、细节完善等，以实现安全保障；其次，适用性是指材料的选择与运用要满足功能的需求，并与设计要实现的目标相一致，尤其是在室外环境中使用，材料的性质和处理方法要适应不同的气候条件；再次，材料的选择与应用也应考虑经济性，在公共设施的成本中材料占有重要的比重，所以材料的应用会影响经济指标；最后，材料的运用要综合考虑自身肌理质感、色彩特点及装饰效果，再配合造型语言的运用实现美观性，丰富公共设施的艺术价值。除以上原则性的理解之外，材料的应用也要考虑环保要求、节能减排、地域归属等实质性需求。

材料参与公共设施设计的策略是运用设计的发散思维来寻求多维创新。例如，在材料的多元混搭与灵活应用方面，应采用多元价值的设计融合策略；在材料科技前沿领域，新材料、新技术的实验性探索与应用方面，应采用拓展公共设施设计创新的策略等等。材料应用的方法及材料参与设计的策略是灵活多变的，但在设计实践过程中，仍需要以主要的设计目标、设计主题来具体衡量与调控。面对未来，人们的生活水平和需求在不断提升，公共设施设计中材料的运用及探索也在不断变革与突进，以下将结合公共设施的创新实例来对具体要点进行简要分析。

4.1.1 材料的运用要考虑环保因素

保护生存环境是人类实现可持续发展、维护文明不断繁衍的重要举措。保护生存环境成为材料应用的重要原则，这一原则同时也体现了设计师道德和社会责任心的回归。在公共设施材料应用方面，设计师要养成环保的设计思维习惯。例如，在材料运用的过程中，应尽可能减少对矿物能源及材料的消耗与使用，因为矿物材料大多是不可再生的，如石材、金属、石化材料等，其开采与应用会加剧对能源的消耗和对自然环境的破坏。即使在产品使用时，也要考虑这类材料的回收与二次加工使用，以减少消耗。相应地，可多使用一些以生物质资源为基质的现代合成材料，例如，以动植物资源为主要来源的材质，这类材料最大的特点是可再生、可循环利用，以防止对自然资源的浪费和污染环境。

环保因素不仅仅是一种技术层面上对设计方法的思考，更重要的是一种设计理念上的革新，是设计师从情感上接近自然的尝试。例如，设计师对可回收材料的大胆尝试与突破，创造出令人耳目一新的优秀设计作品，这些作品刷新了人们对寻常事物的认识，提升了人们的生活理念与审美价值。

再例如，家具产品对软木的使用。软木是2019年兴起的一种木质基环保材料，因其具有可合成和可回收的特性，提升了木材资源的使用效率，从而受到许多设计师和建筑师的青睐。设计师Mat thew Barnett Howland、Dido Milne和Oliver Wilton用

图 4.1　软木制作的家具和房子

软木制作的家具和建造的房子，如图 4.1 所示。软木可多次回收利用，自身不产生化学污染，并且可以完全堆肥。

斯洛伐克设计师 Šimon Kern's 采用废弃油脂制成的生物树脂与树木的落叶进行定向胶合制成板材，以此板材为主要材料制作座椅。这种回收落叶制成的板材具有松软的体感和低导热系数。座椅的支撑体系以经过防腐处理的钢管骨架为主，钢管骨架与座面材料形成了鲜明的对比。当座椅表面磨损或损坏时，可以再使用落叶进行重新制作与替换，而替换下来的旧的座面将被放在树下，通过自然降解腐化成肥料，这样处理就如同落叶回归大地，起到自然界物质循环利用的效能。目前，Šimon Kern's 仍在完善这一项目，努力设计出更符合人体工程学需求、生物降解效能更高的公共座椅。图 4.2 所示为落叶回收制成的座椅。

图 4.2　落叶回收制成的座椅

4.1.2 材料的运用要注意室内外环境的区别

公共设施大多处于外部的公共环境之中，会受到多种外部环境的影响，所以材料的选择对室外环境的适应性尤为重要。例如，季节温差的变化对材料及结构稳定性影响较大，这一点在金属材料和合成树脂材料中尤为突出。针对不同热胀冷缩系数的材料，在搭配使用时，要事先考虑结构的稳定性。例如阳光中的紫外光老化现象对材料颜色效果影响较大，原生木材表面经过长期的日光照射会老化降解，导致颜色会接近炭灰色，影响美观，而这一点在耐光色牢度较差的合成树脂和有色漆中也会出现。在城市环境中排除人为破坏因素，材料自身耐腐蚀、防尘、防污染及疏水自清洁的性能也尤为突出。

传统材料通过运用现代技术进行改性处理后，也可以运用到室外环境中，成为设计师在设计方案中的优选。例如，木材热处理技术是利用200℃左右的高温蒸汽，对木材进行碳化处理，形成热处理材也就是俗称的“炭化木”，而木材粉末和塑料颗粒共混，经过偶联剂和挤压工艺处理后形成木塑复合材料，这两种木材经过处理，都具有较好的耐候性和耐腐蚀性能，在室外环境中使用，不但防腐、防虫、经久耐用，而且也保留了木材本身大部分的良性品质。

很多材料在户外的适用性上表现较为单一，各方面的品质参差不齐，所以需要有目的地进行人工改性处理，且需要设计师针对功能需求进行选择与运用。如金属材料经过一定的工艺处理，具有良好的户外耐候性等特点，可实现耐腐蚀、防冲击破坏、抗老化等。但是在北方的冬季，金属触感不具备宜人性，所以在一些特定的、经常接触人体的部位，需要选用导热性较差又耐磨、防污的材料搭配使用。

图 4.3 HASSELL 设计的珀斯 Optus 体育场公园娱乐设施

由HASSELL 设计的珀斯 Optus 体育场公园娱乐设施（图 4.3）位于澳大利亚西部珀斯波斯伍德半岛上。这些娱乐设施采用金属骨架与纤维编织相结合的制作方式，构成元素简洁大方，形成既稳固又富有弹力的趣味感受。

4.1.3 材料的运用要考虑其美感属性与功能价值

材料表面肌理和颜色对人们的视觉作用不同，给人的审美体验也不同，设计师要明确同一种材料不同形态样式也会体现出不同的属性，进而对其视觉特征与使用功能都产生重要的影响。例如，玻璃是我们生活中常见的材料，属于硅酸盐类非金属材料。玻璃的用途广泛，如我们常用的镜子和门窗等，其形态样式以透明板材为主，而同样是硅酸盐的玻璃纤维，也可以制作抗拉强度较高的绳子。所以，探索材料的使用方式，要明确“材型影响材性”的道理。材料的运用也要考虑人们的认知习惯，例如，产品表面的粗糙度会对人的心理感知产生重要影响，人们会不自觉地认为表面较为粗糙的材料容易产生体量稳健的感觉，更适合作为大型设施的支撑或基底部分的材料。而表面相对细腻光洁的材料，容易给人精致的感觉，适用于塑造轻量的、通透的形态。材料的运用还要考虑使用者的心理、生理因素，人们追求材料的自然属性及对天然材料美感的青睐也更加鲜明，随着科学技术的进步，仿天然的材料也在不断地出现，这些新材料既有天然材料的视觉属性，又有优于天然材料的性能，它的出现也为设计师提供了崭新的创作平台。

正因为不同的材料具有不同的功能，所以才被我们使用。材料的性能既源于其自身的物理化学性质，又必须借助人工的处理方式和技术手段，这就需要我们不断地去发掘与整合材料中有利的功能和潜在的价值。设计师的作用就如同生活迫切需求与材料客观功能之间的桥梁或媒介。通过设计师的创新运用，挖掘材料更好的使用价值与潜能，以此提升人们的生活品质，或改进人们处理问题的方式。例如，以色列的一名学生安东尼奥 · 布里塞尼奥 · 卡莫纳发明了一种利用废旧轮胎制成的路面修复材料，使用这种材料的路面，可通过雨水实现对破损部分的自我修复，这一发明获得了“詹姆斯 · 戴森设计奖”。图 4.4 所示为安东尼奥 · 布里塞尼奥 · 卡莫纳在演示路面修复过程。

这种材料之所以在下雨时让路面实现自我修复，主要是因为使用了从废旧轮胎中回收的橡胶，并在橡胶中加了添加剂，使其可以吸收水分，从而实现再生并修复路面裂纹。其原理是当材料与水接触后具有了延展性，实现了自动“愈合”的修复效果。

例如，新加坡致力于面向未来探索城市的变革与发展，并不断打破固有的价值观念，目前正持续发掘新材料、新技术所蕴含的价值，并且将传统的材料和物质进行新的构想与创作，努力从“花园城市”变为全球化“花园中的城市”，通过全面的整体性计划的设计与实施，提升市内绿化和花卉景观的品质，使人们享受如同行走坐卧于花园之中的生活。新加坡滨海湾的海滨长廊，仿佛一条巨大的双螺旋 DNA 链横跨滨海湾，是世界上第一架双螺旋的人行桥。滨海湾浮动舞台可将环绕滨海湾的所有著名景点和美景尽收眼底。长廊的地面铺设了耐用的花岗岩，水下的木材则使用了可再生的硬木。长廊的设计采用了一系列定制环保措施，为游客提供休憩的地方，非常舒适。图 4.5 所示为滨海长廊的夜景及水体雾化的效果。图中那条 300m 长的不锈钢雾管是利用雾化技术设计的水体，它能充分滋养周围的植物。这个互动水景设置在选区的活动广场中。

图 4.4　安东尼奥 · 布里塞尼奥 · 卡莫纳在演示路面修复过程

图 4.5　滨海长廊的夜景及水体雾化的效果

自工业革命以来，城市化进程日益加快，人们所处的环境如同钢筋混凝土的牢笼，城市建设向自然转化，这对减少能源消耗和环境污染起到重要的改善作用。转化的方式不但有宏观的“花园城市”式的变革，也有微观环境的努力，在公共设施设计领域更是如此。研发生物质材料将逐步替代不可循环利用的原有建筑材料，并且引入微生物环境改善机制，发掘其价值与功效。例如，以天然丝瓜纤维为骨架，结合土壤、水泥、木炭制成的丝瓜络环保砖（图 4.6）。这种环保砖质轻且可生物降解，所需的骨料远远少于标准混凝土且不需要加固。这种砖体与其说是人居建筑的墙垣，不如说是植物与微生物的乐园，它利用自身空隙效果和利于植物繁衍的特征，构成了改善城市环境的自然屏障。这种天然的丝瓜纤维也称为丝瓜络，通常作为人们沐浴搓洗的海绵使用，然而，制成环保砖更利于草蔓植物和菌体的生长，如果在城市能达到一定的使用量，可起到抑制空气污染、吸收城市噪声、存储雨水调控温湿度、减少病毒和疾病的传播、消除城市热岛效应等作用。这种环保砖对昆虫和小动物的生存也有一定庇护作用，会对整个城市搭建自然宜居的生

态环境做出极大的贡献。

这种丝瓜络环保砖在城市环境及公共设施中使用，其主要作用与价值概括如下。

(1) 这些丝瓜络纤维网络中的天然缝隙可以从自然降雨和人工喷洒作业中吸收水分，其空隙性也利于植物根系生长，为此环保砖的使用能够大幅度提升城市绿化面积，改善城市环境，形成城市优良的生物多样性生态系统。

(2) 将环保砖作为墙壁材料，可创造一种呼吸状态的建筑，也从日常角度创造出为人们提供一种有益身心健康的工作、学习和生活环境。

(3) 木炭作为成分仅少量出现在砖的表面，可以吸收城市空气中的有害物质，如硝酸盐等，同时硝酸盐是植物生长的养料，这样就形成了良性的生物净化效果。

(4) 用这种环保砖建造建筑物的外墙、复合墙和沿道路网络的分隔墙，它们不仅能净化空气、调控温湿度，还能起到积极的社会效应。

图 4.6　丝瓜络环保砖

4.1.4 材料的运用要考虑经济性

公共设施材料选用的经济性是公共设施设计中复杂且具有挑战性的环节，这将决定设计方案最终能否实现，是否满足预期效果等一系列问题。在此，我们可从两方面简要理解经济性对材料运用的要求。其一，材料自身的成本及加工制作的消耗问题，这是影响整个方案预算的重要部分，需要设计师在方案设计开展之初做系统分析，明确设计要实现的目标和预期效果，围绕此目标与效果结合经济指标对材料进行筛选。其二，经济性不仅仅指公共设施落成的成本，更应该包括落成以后潜在的经济因素，包括社会效益所带来的经济价值的发掘，回收再利用可形成的价值，以及养护与维修的持续性开支等。这就要求设计师不仅要整体考虑如何通过合理用材控制成本，更要明确公共设施在使用中或转化再利用中所包含的经济性影响，以及通过设计实现公共设施所带来的经济价值和社会效益。

4.1.5 材料的多元价值融合的设计策略

公共设施通过材料的设计运用可以寻求多元性的价值突破，在材料参与设计的过程中，可依据多元价值融合的设计策略，避免思维定式与目标单一化。这是因为设计要实现的价值，可以通过我们不懈的追求达到，还可以起到效益不断深化与衍化的作用。在此，设计师的思维状态也是发散性与逻辑性不断交织与深化的过程，我们对公共设施的材料或组成单元的认识，也要从不同的角度出发，在总体目标逐渐清晰之时，设计恰恰要多视角、多取向、广泛地捕捉创新点。尽管乍一看是杂乱无章的思维跳跃，但是仍要始终如一地站在客观的基石上，对自我、生活、环境及目标任务进行不断剖析与追问。所以，材料参与设计的过程要采用多元的、开阔的创意思路，需要多元价值的融合，在明确材料运用的主次关系、层次关系和关联性等逻辑方式之后，更要发掘其可实现的潜在价值。

公共设施材料构建的功能再生性，可实现多元价值的设计融合，例如，曼谷设计周的“废弃侧楼”展馆（图 4.7）。它作为 2018 年曼谷设计周的标志性建筑，引起了人们对传统材料一次性使用和固有建造方法的质疑，在排除不必要的材料消耗和浪费的同时，提出了一种替代方法，通过设计转嫁的方式对材料进行再利用。为建造设计该展馆，设计师专门设计了可回收塑料砖和轻型尼龙屏风作为主要建造构件。这些塑料砖和轻型尼龙屏风组件都是从产品设计的角度出发的，其形态和比例都是从再利用转化成新产品的诉求中派生出来的。为此，展馆的结构设计采用了模块化的施工技术，简洁的元素和重复性的排演模式，创造了明快且极具现代美感和节奏感的建筑。

设计周之后，可回收塑料砖和轻型尼龙屏风组件被拆卸下来，通过简单的方式就可以组装成 2500 把美观轻巧的椅子，以及 1500 个具有一定时尚型的便携式手提包。这是此次展馆设计的重要创新之处，构成了这次展览衍化出的新价值。尽管展馆受到周期的限制，是临时搭建和短期存在，但通过设计师的努力，它完全超越了作为一个临时建筑的功能。该结构实现了设计的创造性、创新性和社会价值。它将成为一个可以激发对话、创新灵感的展馆的典范。

图 4.7 “废弃侧楼”展馆

4.1.6 新材料创新公共设施设计

新材料的研发是为满足人们生产生活的实际需求，而设计师是通过创新思维与设计实践来改善人们生活品质的引导者，这种改善有时是超出普通人视野、具有变革性与划时代意义的。新材料及技术如何能运用到人们的生活中，实现其自身的价值，这要求对生活有着广泛与深入研究的设计师们，运用经验与创新思维将新型材料形成有价值的产品实体，以此服务于人们生活的不同层面。所以，可以理解为设计师是新材料科技和人们未来美好生活之间的桥梁与纽带。这就要求设计师在面对引领未来的创新性设计时，发掘新材料的功能与潜在价值，以此形成设计创新的重要推动力。

当今，材料的生产从低科技、低附加值、高损耗的无机非生物材料，逐步向高科技、高附加值、低损耗的有机生物材料转化并发展。随着人类对自然的认识不断加深，可再生资源的循环利用与开发已提上日程。新型的可

再生材料，如生物塑胶，其生产原料是从植物中提取的，又可以在土壤中降解，实现了真正符合自然的良性循环，因此可再生材料是公共设施设计的未来选择。高科技研发力量促进了新技术在材料研发领域的应用，为新材料的生产开发打下深厚的科技基础，品种也从单一化逐步转向多元化。新材料较常用材料进行了很大的性能革新，在防潮、抗菌、强度、韧性、降解等方面都有不同程度的提高。实践证明，新材料开发的公共设施本身就具有创新性。

荷兰设计周的一个临时活动空间“生长亭”(图 4.8)，它完全由生物基材料搭建而成。这个看起来像蛋糕一样的建筑，上面覆盖的材料是一种名为“菌丝板”的涂料。该涂料最初是由墨西哥的印加人开发的生物基产品。“生长亭”的面板固定在木框架上，可以根据需要卸下并重新使用。地板由香蒲（一种芦苇）制成，内外长凳由农业废料制成。“菌丝板”很轻，根据设计师 Leboucq 的说法，它可以隔绝外界的温度和声音。拆除结构后，每个面板都可以维修或在其他地方重复使用。

图 4.8 “生长亭”的外观和内部结构

先进的科技材料的研发，改变了我们对传统产品功能与性质的认知，并赋予其智能性特征，可以让使用者获得意想不到的舒适体验。例如，Layer 开发的智能控温航空座椅（图 4.9），融合了近年来纳米技术的新成果。座椅接触人体的座面和靠背所用的材料是涂有碳纳米管的聚合物纤维，它是一种对温度有灵敏反应效果的纺织品，很受设计师的青睐。在乘客感觉冷的时候，座椅能自动升温；在乘客热的时候，也可以实现降温，以满足乘客舒适性的需求。

图 4.9　智能控温航空座椅

4.2　材料的性能与工艺

材料的使用性能是指产品在一定条件下，实现预定目的或者规定用途的能力。而产品也是通过其结构特点、形态特征和材料功能，实现其特定的使用目的或者用途。材料是公共设施设计的物质基础，它与功能、形态构成了公共设施设计的基本要素。材料的工艺包括成型工艺、加工工艺和表面处理工艺。材料通过工艺设计成为具有一定形态结构、尺寸和审美特征的公共设施作品，所以公共设施的功能和造型是建立在材料和工艺基础之上的。每种材料都有其自身的特性，公共设施的材料选择要注意其使用性能及工艺特征，只有这样才能达到设计目的。下面从公共设施常用的几种材料入手，简要介绍材料的性能与工艺特征。

4.2.1　金属材料

金属材料的使用是工业化文明发展最重要的特征，金属材料能够依照设计师的构思实现多种造型，它是现代公共设施设计的主流材料之一。作为公共设施常用的材料，金属具有较好的塑形能力，以其自身的强度和良好的物理性能及机械加工性能，既可以制成主要的结构构件，也可以独立成型，创造出有特色的景观设施。金属材料是金属及其合金的总称，其性能主要体现在以下几个方面：一是金属是电与热的良好导体材料；二是金属具有良好的延展性；三是金属可以制成金属化合物，以此来改变金属的性能；四是金属表面具有特有的色彩和光泽；五是除贵金属外，几乎所有金属都易于氧化而生锈及产生腐蚀，所以需要做表面工艺处理。金属材料加工制作的设施产品，如图 4.10 所示。

图 4.10　金属材料加工制作的设施产品

金属材料可分为黑色金属和有色金属，如下所述。

(1) 黑色金属。黑色金属包括铁和以铁为基体的合金，如纯铁、铸铁、合金钢、高碳钢、铁合金等。黑色金属资源丰富、加工方便、生产成本低、硬度高，应用广泛。

(2) 有色金属。有色金属包括除铁以外的金属及其合金。不锈钢是最常用的景观设施材料，具有独特的强度、较高的耐磨性、优越的防腐性能，以及不易生锈等优良的特性。它具有精密、高科技之感，在公共设施设计中常用于构件、细部的设计中。

我们常用的铜、铁等金属都具有一定的活性，在室外环境中使用表面容易被氧化和腐蚀，所以在设计中，需要对其表面做一定的处理。不同的表面处理方法不但能够保护金属本身，还能通过不同的表面处理方式，使其外观也呈现出不同的肌理和质感，形成不同的视觉冲击。常用的金属表面处理方法多样，主要包括物理处理、化学处理及物理化学综合处理。很多以不锈钢为主要材料制成的景观设施，其表面采用物理抛光的方式，形成镜面光洁的效果，用在室外不仅防污、防腐蚀，而且也形成了较强的视觉美感，如图 4.11 所示。

图 4.11 不锈钢表面的镜面效果

金属表面的涂饰处理是比较传统的、常用的表面处理手法。在金属材料表面涂饰油漆，通过漆膜的耐腐蚀特性可以实现保护金属基材的目的，而涂料颜色丰富，通过设计与搭配还可以起到美化环境的作用，如图 4.12 所示。其缺点是油漆的质量和耐久性不同，会影响设施的使用功能，且需要定时替换维修或重新涂饰保养。值得一提的是，目前大多数油漆在涂饰过程中会产生有害气体挥发与排放，易造成污染环境，所以一定要选用符合环保标准的油漆涂料（图 4.12）。

图 4.12 表面用油漆涂饰处理的金属设施

现代工艺技术的发展突飞猛进，金属表面处理工艺也是日新月异，为金属材质的功能与美感的创新突破提供了可能性。表面化学氧化处理，可以在活性金属表面制备一层既具有惰性耐腐蚀，又具有一定的耐磨性和强度效果的氧化层，可有效提升金属材料的使用寿命；而纳米功能材料复合处理，利用纳米小尺寸的优势，可以在金属表面形成具有复合功能的修饰层，实现一定的智能调控效果及多功能融合。这些技术使公共设施从材料的突破中汇集更多价值与美感体验。表面肌理质感创新设计等现代工艺技术，使金属表面获得多样化肌理的效果，不但可以实现不同的功能需求，而且也丰富了公共设施设计的视觉效果，提升了艺术价值，如图 4.13 和图 4.14 所示。

图 4.13 金属材料表面肌理加工的公共设施

图 4.14 进行压光处理的白钢扶手栏杆

金属材料基本的加工方法主要有铸造、塑性加工、切削加工、焊接加工等，不同的制造方法与加工工艺对金属材料特性的影响都很大。

（1）铸造是将熔融状态的金属浇入铸型后，

冷却凝固成具有一定形状铸件的制造方法。铸造的优点生产成本低、灵活性大、适应性强，适合生产不同材料、形状和重量的铸件，且适合批量生产。铸造的缺点是公差较大，容易产生内部缺陷。铸造可分为砂型铸造、熔模铸造、金属型铸造、压力铸造和离心铸造等。常用的铸造材料有铁、钢、铝、铜等。

(2) 塑性加工，又称金属压力加工，是指在外力作用下，金属坯料发生塑性变形，从而获得具有一定形状、尺寸和机械性能的毛坯或零件的加工方法。特点是产品可通过这种方法直接制取、无切削，金属损耗小，适合专业化大规模生产，但不宜于加工脆性材料或形状复杂的制品。金属塑性加工分为锻造、轧制、挤压、拔制和冲压加工。

(3) 切削加工，又称冷加工，是指利用切削刀具在切削机床上或手工将金属工件的多余加工量切去，以达成规定的形状、尺寸或表面质量的加工方法。按加工方式切削加工分为车削、铣削、刨削、磨削、钻削、镗削及钳工等。

(4) 焊接加工是充分利用金属材料在高温作用下易熔化的特性，使金属之间发生相互连接的一种工艺，是金属加工的一种辅助手段。常见的焊接方法有熔焊、压焊和钎焊。

4.2.2　石材

石材是我们常见的建造用材，可作为建筑、家具、器具产品和雕塑景观等使用。石材可分为天然石材和人造石材。石材因成分含量及产地的不同，又有多种类别可供选用。天然石材是人类较早开发利用的天然材料，通过开采与加工，构成辉煌的建筑和记录时代的铭碑，所以天然石材不但美观，还具有一定的历史积淀美感和文化价值，具有广泛的应用空间。

天然石材源自岩石的开采利用，种类繁多。

我们常说的大理石，原指采于云南省大理市点苍山的一种带有独特纹理、质地细密坚实的特殊石材。大理石花纹多样、色泽美观，具有抗压性强、吸水率小、耐磨、不变形、可磨光等优点。但大理石板材相对花岗岩硬度较低、不耐风化，在室外使用需要经过一定的处理。

花岗岩是常用的户外建筑材料，它的特点是质地坚硬、构造致密、耐磨、耐酸碱、耐腐蚀、耐高温、耐阳光晒、耐冰冻，可磨平、机刨、抛光，多用于室外环境。我们常用的天然花岗岩色泽丰富，多以沉稳的色调为主，其质地坚硬，坚实而厚重，具有一定的历史感，不但可以作为设施的基石使用，也可以通过切削、打磨或拼接，实现一定的形态美，成为具有纪念意义的景观设施。不同的处理方法可以体现出不同的视觉效果和艺术价值，既可与水体融合成趣味的景观，体现石材温润的一面，也可以有意地保留一定的原生性形态，体现厚重、质朴的美感，如图 4.15 所示。

图 4.15　具有不同艺术效果的天然石材公共景观

图 4.16　用水泥石创作的公共设施

人们对石材的使用需求量较高和使用场所较为广泛，而天然石材资源有限，肆意开采又会造成能源消耗和山地生态环境的破坏等不良后果，所以人造石材成为有效的补充。人造石材是以天然石材为基质，经过严格的加工程序制成的，是天然石材的再利用。人造石材兼具天然花岗岩、大理石等坚固质地石材的质感，不仅容易加工，而且具有一定的科技附加值，并且人造石材可根据使用者的需求，调制出丰富的色彩和花纹等表面肌理效果，被广泛应用于公共设施设计中。

(1) 人造石材的优良性能：无放射性、阻燃性，使用安全；极具可塑性，可以做出任何造型；抗污性强，易清洁，不易被染色；抗菌防霉、耐磨、耐冲击，可重复翻新；制造简便、生产周期短、成本低。

(2) 人造石材的分类及加工工艺。
①树脂型人造石材。树脂型人造石材是以不饱和聚酯树脂为胶结剂，与天然大理石、英砂、方解石、石粉等按一定的比例调配，再加入催化剂、固化剂、颜料等，经混合搅拌、固化成型、脱模烘干、表面抛光等工序加工而成。成型方法有振动成型、压缩成型和挤压成型。不饱和聚酯类的石材光泽好、易成型、颜色浅，容易配制成各种漂亮的色彩与花纹；固化快，常温下可进行操作，是目前室内装饰工程中使用最广泛的石材。

②复合型人造石材。复合型人造石材的制作工艺是，先用水泥、石粉等制成水泥砂浆的坯体，再将坯体浸于有机单体中，使其在一定条件下聚合而成。复合型人造石材制品的造价较低，但它受温差影响，聚酯面易产生剥落或开裂。

③水泥型人造石材。水泥型人造石材也称水泥石，是以各种水为胶结材料，英砂、天然碎石粒为细骨料，经配制、搅拌、加压蒸养、磨光和抛光后制成的人造石材。顾名思义，水泥型人造石材是将水泥作为胶结物，但是它与混凝土不同，还具有石材的质地和效果，因为在配制过程中天然碎石与砂砾要占有一定的比例，凝固后可将表面抛光打磨，使其表面具有一定的英砂反射的美感，也可以混入颜料，制成彩色水泥石。水泥型石材的生产和取材相对方便，水泥原料价格低廉，而且其外观既体现了石材的粗犷、敦厚，又有混凝土所带有的质朴的工业艺术风格，与其他材质搭配使用，可创作出具有现代美感的公共设施作品，如图4.16和图4.17所示。

图4.17　水泥石着色处理后的效果

④其他人造石材。例如，海石是由贝壳制成的混凝土状材料，也可认为是一种新型的人造石材。海石由废弃的贝壳制成，贝壳被粉碎后与天然黏合剂混合，而贝壳的主要成分是碳酸钙，它与制作水泥的石灰石相似，因此，设计师希望将其用作混凝土的可持续替代品。如图4.18所示为贝壳及海石的成品。

高分子复合人造石材，如伦敦设计师Phil Cuttance使用的新型材料Jesmonite，这是一种复合的人造石材，具有很多石材的品质。它是由石英石、大理石屑和云母混合而成的高分子复合人造材料，材料成型之后，其表面具有反光的质感，通常可以作为雕塑作品和其他三维作品的创作材料。

如图4.19所示为使用Jesmonite创作的三维作品，简洁清晰的纹路，看起来跟3D打印的产品极为相似。

4.2.3 玻璃

玻璃是我们较为熟悉的装饰材料。它的用途除透光、透视、隔音、隔热外，还有吸热、保温、防辐射、防爆等特殊用途。玻璃是极富灵性的现代建筑装饰材料，它可以很容易融入各种环境之中，达到与环境的协调，玻璃表面可以采用喷砂、雕刻、酸蚀等工艺手段来处理，具有很好的艺术效果，它充满了艺术灵性。现代玻璃的开发种类很多，已从单一的平板玻璃、镜面玻璃发展到异形玻璃、曲板玻璃等种类。在公共设施领域，玻璃的适用范围也很广泛，经常用于电话亭（图 4.20）、候车亭、休息厅、导视牌（图 4.21）、扶手等公共设施。玻璃的成型是将熔融的玻璃液加工成具有一定形状和尺寸的玻璃制品的工艺过程。常见的玻璃成型工艺有压制成型、吹制成型、拉制成型和压延成型。公共设施常用玻璃是平板玻璃，平板玻璃是板状玻璃的统称，分为有彩色玻璃、镀膜玻璃、钢化玻璃、夹层玻璃等类别。

在现代公共设施创意中，玻璃的通透性与光洁

图 4.18 贝壳及海石的成品

图 4.19　使用 Jesmonite 创作的三维作品

图 4.20　玻璃电话亭

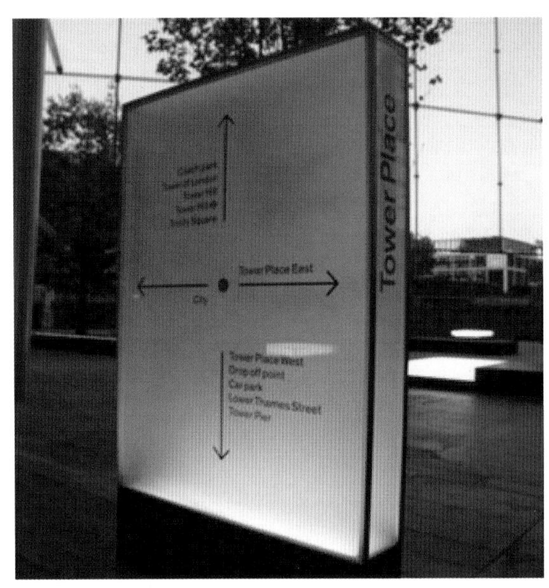

图 4.21　玻璃导视牌

的表面效果使其极具艺术表现力（图 4.22 和图 4.23）。曲面的玻璃设施经过灵活加工和巧妙的创意，可为设计师提供多维的灵感解读。玻璃可以进行着色、表面处理、复合强化或进行曲面化成型加工。随着科学技术的发展，新的玻璃不断产生，不久前就产生了一种可自行调光的窗户玻璃，这种玻璃的特性是：在天气寒冷、气温低时，透明度很高，阳光会全部进入室内，使室内温度升高；当天气炎热时，它就变成为半透明，使室内的温感凉爽。

图 4.22　公共设施曲面玻璃通透的效果

图 4.23　烤漆玻璃材质的光泽与美感体现

4.2.4　塑料及复合材料

塑料，也称为合成树脂，是高分子聚合物由单体通过缩聚或加聚反应而成。总体来说，塑料具有优良的物理、化学和机械性能，质量轻且强度高。与金属相比，塑料不会腐蚀、生锈，且具有良好的弹性。塑料品种繁多、性能优良、加工成型方便、成本低廉，便于运输和组装。在现代社会，塑料已成为重要的功能材料，被广泛应用于社会生活的各个领域。塑料的优点众多，与金属、木材具有同等重要的地位，是城市公共设施设计中必不可少的材料，如垃圾回收与清洁设施、儿童娱乐设施等（图 4.24）。但是，由于塑料有较好的稳定性，很难短期自然降解，所以废弃的塑料制品也成为主要的污染源，危害自然界的生态系统。

图 4.24　以塑料为主制成的城市公共设施

1. 塑料的性能

（1）质量相对较轻，而力学强度较高。

（2）多数塑料制品有透明性，便于着色，且不易变色。

（3）具有优异的电绝缘性，可被用作产品或建筑物的绝热保温材料。

（4）优良的耐磨、自润滑性、耐腐蚀性。

（5）便于加工成型，便于大批量的生产制造。

（6）与其他工业材料相比塑料也有缺点，即不耐高温，低温容易发脆；容易变形；易老化。

2. 塑料的成型工艺

塑料的成型工艺有很多，选择哪种成型工艺取决于塑料的类型、特性、起始状态及制成品的结构、尺寸和形状等诸多因素，这就需要设计师熟悉塑料的基本加工要求。根据加工时塑料所处状态的不同，塑料的成型工艺大致可分为以下 3 种。

(1) 处于玻璃态的塑料，具有一定的稳定性，可以采用车、铣、钻、刨等机械加工方法和电镀、喷涂等表面处理方法。

(2) 处于高弹态的塑料，由于其弹性变形的影响，可以采用热压、弯曲、真空成型等工艺。

(3) 热加工的方法，把塑料加热就会形成黏流态，这是高分子聚合物的一大特征，冷却后又恢复稳定的固态，这个过程称为“玻璃态转变”。此时，可以依据形态和模具特点对热熔的塑料采用注射成型、挤出成型、吹塑成型等加工工艺。

3. 塑料的分类

塑料的种类繁多，根据其理化特性，可分为热塑性塑料和热固性塑料。

(1) 热塑性塑料。热塑性塑料加热时材料软化，由固态转化为液态，冷却后恢复固态，目前塑料材料使用最多的一种。其柔软富有弹性，可塑性极佳，但强度和硬度较差。如氯乙烯 (PVC)、聚乙烯 (PE)、聚苯乙烯 (PS)、聚丙烯 (PP)、尼龙 (Nylon) 都是常用的热塑性塑料。

(2) 热固性塑料。热固性塑料原料一旦加热发生变化后，就具有硬度，冷却后即使再加热也无法软化，因此其无法回收再利用，但优点为耐高温、耐化学药品侵蚀、绝缘性良好、形态固定，具有较高的强度和硬度。因为成型上的限制较多，所以造型发展也相对减少。如电木 (Bakelite)、尿素树脂 (Urea Resins)、环氧树脂 (Epoxy Resins) 等均属热固性塑料。

4.2.5 混凝土

混凝土是由水泥、砂、石子按比例搅拌而成的一种建筑材料。20 世纪初，钢筋混凝土的出现，给建筑界带来了一场变革，柯布西耶利用混凝土的尚未完全凝固时的可塑性，把它作为一种功能之外的审美表现形式来运用，产生了自然粗犷之美，派生出“粗野主义”的装饰风格，这也使混凝土的表面质感传达着工业化进程中现代主义风格的历史价值。混凝土浇筑的过程需要使用模板，模板拆卸之后的印迹如实地反映了其制造的痕迹，往往被设计师解读成一种真实不加修饰的“清水”之美 (图 4.25)。混凝土在单体公共设施制作上，往往需要与其他材料结合使用 (图 4.26)，混凝土粗野的性格与金属精细的品质或者木材温润的质感相互衬托，能展示出很好的设计效果。所以，在不断使用材质相互搭配的过程中，要注意所用材料之间所形成的心理感知量上的对比，以及共同构成的材质内在的韵律感。

图 4.25 具有模板浇筑痕迹的“清水”混凝土墙体

图 4.26 混凝土与金属等结合使用

混凝土主要有以下几种性能。

(1) 和易性：是混凝土拌合物最重要的性能，它综合表示拌合物的稠度、流动性、可塑性、抗分层离析泌水的性能及易抹面性等。

(2) 强度：是混凝土硬化后最重要的力学性能，是指混凝土抵抗压、拉、弯、剪等应力的能力，水灰比、水泥品种和用量、集料的品种和用量及搅拌、成型、养护，都直接影响混凝土的强度，提高混凝土抗拉、抗压强度的比值是混凝土改性的重要方面。

(3) 变形：在荷载或温湿度作用下混凝土会产生变形，主要包括弹性变形、塑性变形、收缩变形和温度变形等。

(4) 耐久性：在一般情况下，混凝土具有良好的耐久性，但在寒冷地区，特别是在水位变化的工程部位在饱水状态下受到频繁的冻融交替作用时，混凝土易于损坏。混凝土的耐久性通常表现为抗渗性、抗冻性、抗侵蚀性。

彩色混凝土艺术压印技术，是对传统混凝土表面进行彩色装饰和艺术处理的新型材料和新型工艺。它是在铺设现浇混凝土的同时，使混凝土的表面被赋予纹理和颜色，创造出天然大理石、花岗岩、砖块、木地板等的视觉效果，并使其表面强度增加，具有图形美观自然、色彩真实持久、质地坚固耐用等特点。

4.2.6 木材

木材是一种天然的环保材料，既可再生，也可循环利用，是人们利用最为普遍的物质资源。木材色泽温润、纹理美观，给人以亲切的触感，被认为是最有人性特征的材料。

图 4.27 所示是由木材构建的儿童娱乐设施，为儿童带来了更多亲近自然的幸福体验。

木材的性能主要包括：质轻坚韧而富有弹性，具有天然的纹理和色泽；在一定环境下，木材能够吸收或放出湿气，因此对环境的湿度有调节作用；木材的结构疏松多孔，能够很好地吸音隔声；可塑性很强，易于加工成型；是良好的绝缘体，但是容易燃烧；由于木材的干湿变化，容易造成扭曲、开裂等变形。

木材的分类有多种形式，根据不同树种，可分为针叶材和阔叶材；根据生长特征不同，可分为边材与芯材；根据密度和硬度不同，可分为硬木和杂木；根据加工程度，可分为原木生材和干燥处理后的板方材。原木是指树干经过去枝、去皮、锯断处理后形成的一定长度规格的木材。它是加工板方材的原料，也可用作电柱、桩木、建筑所用的木材等。

木材在市场上分为实木制品和人造板材。人造板材是利用原木、刨花、木屑、废材及其他植物纤维为原料制作而成。它们质地均匀、平整光滑、易于加工、不易变形。常见的人造板材有胶合板、刨花板、纤维板、细木工板及各种轻质板等。在公共设施中，木材最常用于与人接触密切的零部件制作，如座椅、拉手、扶手、儿童设施等。木材及饰面板的种类繁多、纹理精美，还可根据不同需要做特殊的着色涂饰处理。

木材制品常用的加工方法有手工加工和机械加工两大种：手工加工即利用锯、斧、刨、凿等手动的加工方式；机械加工即利用各种电动木工机械设备和机床，如台锯机、平刨机床、压刨机床、镂铣机床、砂光机等，按一定的工业流程进行流水线加工作业。如今人们正在研究木材与 3D 打印技术的融合，这也是未来木制品加工制造的发展方向之一。木材常见的结合方式有榫卯结合、胶钉结合、五金连接件结合及混合结合等。

木材不仅自身的色泽纹理亲和自然，而且结构简单、易于加工，成为公共设施创意的重要来源。如图 4.28 所示，“无尽的楼梯”不仅是一件装置艺术作品，也是可以亲身体验的休闲娱乐设施。它最初在伦敦泰特现代美术馆外安装，设施用北美郁金香木面板交错制成，错位排列不仅方便雨水流出，在视觉上也形成一种交替延伸的秩序，在间接的形式感上实现了“无尽”这个循环往复延伸的主题，诠释了装置艺术的内在探索。这件作品链索性的楼梯是可以不断拼接和延伸的，只要有足够的材料，仿佛可以创造出一种可以直通到外太空的无尽想象力的桥梁。

图 4.27　由木材构建的儿童娱乐设施

图 4.28　“无尽的楼梯”装置艺术作品

4.2.7 其他可应用的新型材料

1. 碳纤维

碳纤维是主要由碳元素组成的一种特种纤维，其含碳量因种类不同而异，一般在90%以上。碳纤维具有一般碳素材料的特性，如耐高温、耐摩擦、导电、电热及耐腐蚀等，但与一般碳素材料不同的是，其外形有显著的各向异性、柔软，可加工成各种织物，沿纤维轴方向表现出很高的强度。碳纤维是一种力学性能优异的新材料，它的比重不到钢的1/4。碳纤维树脂复合材料的抗拉强度是钢的7～9倍，抗拉弹性也高于钢，耐腐蚀性强，耐疲劳性好，但它的耐冲击性较差，容易损伤，强酸下易氧化。我国碳纤维复合材料的研制开始于20世纪70年代中期，经过近50年的发展，已取得了长足进展，其中主要用于体育休闲设施、一般工业和航空航天等领域，其中体育休闲设施的使用量最大。碳纤维可加工成织物、毡、席、带、纸及其他材料。传统使用中，碳纤维除用作绝热保温材料外，一般不单独使用，多作为增强材料加入树脂、金属、陶瓷、混凝土等材料中，构成复合材料。公共设施主要应用领域为体育休闲设施、公共交通工具等。

维也纳设计师Thomas Feichtner就用碳纤维设计了一把名为“Carbon Chair”的造型新颖的椅子（图4.29）。方法是先制造出椅子的基本模具，再将编织的碳纤维片均匀地铺在模具上，然后用环氧树脂进行表面涂覆。当把树脂涂在碳纤维上时，碳纤维就会变硬，形成很轻的固体，最终形成椅子的形状。Carbon Chair是由三条凹进去的腿、一个倾斜的三角形座和双面靠背组成，造型显得抽象而新颖，而碳纤维自身的色泽和质感带有一丝神秘与凝重，给人一种独特的视觉体验。

2. 生物塑料

生物塑料指以淀粉等天然物质为基础，在微生物作用下生成的塑料。它具有可再生性，因此十分环保。它可以作为胶体材料制成防滑的胶垫，有较强的吸附性与防滑性，其缺点是耐热性较差、机械强度低等。其成型工艺包括真空成型、射出成型等。

运用生物塑料防滑的特性，可制成临时存放工具的防滑盒，给维修人员带来便捷。例如，汤姆·巴登是空军国民警卫队的一名F-16战斗机机修工作人员，他经常因为随手放在飞机外壳上的工具从飞机上滑下来而沮丧，需要浪费时间和精力反复攀爬寻找滑落的工具，而其他机械师也经常面临同样的问题。在偶然情况下，汤姆·巴登开车时仪表盘上的防滑手机垫触发了他的灵感。他的第一个概念是防滑工具垫，经过一些研究，他意识到对于任何使用手工工具的人来说，防滑工具盒是必不可少的，将工具稳固且有序地放在手边，将有助于提高工作效率，这样，防滑的生物塑胶工具盒就应运而生了，如图4.30所示。

3. 抗菌抑菌材料

抗菌抑菌材料，就是抑制细菌在其表面或内部吸附、生长和存活的特殊性功能材料。抗菌抑菌材料具有抗生物侵蚀性能好、合成及可调性能高的特点，不仅广泛应用于医疗保健领域，而且可用于多人接触较密切的零部件表面上，如门的拉手、自动售货机或提款机的按键等。这种材料要求较高的生产技术，成本也较高，常采用银离子及沸石合成的成型工艺（喷涂基材表面）。

【Thomas Feichtner】

图 4.29　碳纤维椅子“Carbon Chair”

图 4.30　防滑的生物塑料工具盒

4. “生物钢”纤维

空中客车公司与德国 AMSilk 公司合作，利用蛛丝纤维的结构原理，开发了一种称为“生物钢”纤维（图 4.31）的新型复合纤维材料。这种材料可以提供轻质的结构，并能实现良好的抗震性和弹性。

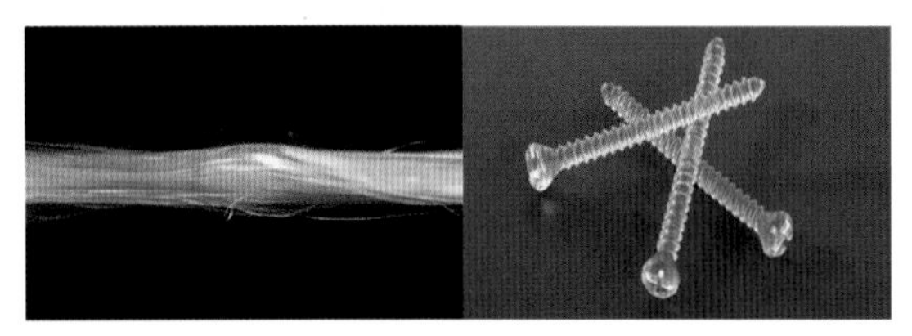

图 4.31 “生物钢”纤维

“生物钢”纤维由 AMSilk 公司开发，基于慕尼黑工业大学的研究成果衍生而来，这种纤维是一种利用蛛丝蛋白制成的生物高分子材料。科研人员利用植入了蜘蛛基因的细菌发酵来获得这种蛋白质，并扩大其商业规模。根据 AMSilk 公司的说法，空中客车公司是全球第一家在航空航天领域测试使用“生物钢”纤维的企业。与碳纤维相比，这种“生物钢”纤维具有更加卓越的弹性，在创新设计和制造未来飞行器的过程中，最大限度地突破了材料强度方面的限制。

5. 液体木材

液体木材又称为木质素基热塑性塑料，同时具备木材的可降解性和塑料的成型加工等优点。它以木纤维粉、碳纤维粉及生态塑粉作为主要原材料，加入助剂进行改性处理，在高温、真空和高压的条件下融化成半流体物质，常温冷却后成型。它既具有木材的所有优良特性和物理机械性能，可采用锯、钻、钉、刨等加工，同时也具备塑料的化学稳定性，能够完全替代木材和部分塑料制品。液体木材可广泛用于航空航天、汽车船舶、建筑园林和家具制造等领域（图 4.32 和图 4.33），并且可以实现 100% 的回收与再生利用。

图 4.32 使用液体木材制作的家具

图 4.33 液体木材汽车内饰

液体木材不仅具有天然木材的环保品质，而且它可以利用废弃木材碎料和造纸废料回收生产，提升了木材的使用率。除了木制品加工业中废弃的木质素外，液体木材的原料还可来源于农产品和林产品的废物，如农作物的秸秆、树木的枝叶等。焚烧销毁这些农林作物废弃物会带来大气污染，而作为原材料再利用具有环保价值。液体木材还有一个优点，那就是可以循环使用，研究人员在一系列试验后对液体木材进行了分析，分析结果表明，即便被重复加工 10 次左右，这种材料仍可以保留其原有的一切特性。如果能妥善解决液体木材中含硫量高的问题，那么它将引发一场新材料的革命。

6. 功能性生物陶瓷

传统的陶瓷类生活用具是用黏土经高温烧制而成的，生物陶瓷利用生物科技融合大量的生物质基，可实现回收利用与无害降解的效果。图 4.34 所示的生物陶瓷水培花盆

“terraplanter”是由工业设计师、植物爱好者 Eran Zarhi 和他的合作伙伴——生态企业家 Elad Burko 共同设计的。这款水培花盆简单、清洁，几乎无须维护，摆脱了对土壤的依赖，实现了无土种植花卉植物，使得城市中喜爱养殖花草的人们，无须担心因土壤撒落而造成的脏乱，以及后期松土施肥等养护的麻烦。这款水培花盆采用坚固而又多孔的陶瓷材料制作，花盆本身具有存水的功能，并能使水从盆体内缓慢扩散，从而让植物在花盆的外表面自然生长。这款花盆有 1400 多个微结构表面的单元格为植物根系提供抓附力，根系将逐渐生长，形成花盆外表面特有的视觉效果。该设计的灵感来源于自然界的雨林植物及其他潮湿环境中植物的自然生长方式。用这个花盆种植的植物，根部暴露在花盆表面，依附在湿润的盆体结构上，根系可以不断接触到水和空气。

【Terraplanter】

图 4.34　“terraplanter”生物陶瓷水培花盆

7. 3D 打印水泥

自然进化过程也可以看作智能选择的过程，使许多生物自身的结构特征具有巨大的潜在价值，为人类寻求新功能材料突破提供了很好的借鉴。例如，自然界中有些生物结构在压力下变得更加坚韧，如龙虾和甲虫等节肢动物的外壳。普渡大学土木工程教授 Pablo Zavattieri 表示，节肢动物的外骨骼具有裂缝扩展和增韧机制，可以利用 3D 技术打印水泥浆来复制这一特性。研究人员将混凝土和砂浆等作为主要原料，利用 3D 打印技术打印具有贝壳结构的水泥浆（图 4.35）。3D 打印水泥浆是一款用于建造基础设施的新型材料，将这些生物外壳结构特点应用到水泥浆中，最终形成具有弹性的结构功能，可以在防震抗灾等特殊领域发挥功效。

图 4.35　3D 打印具有贝壳结构的水泥浆

8. 荧光石路面材料

荧光石是以高纯度天然矿石和稀土为原料，经高温物理方法制成的。荧光石经自然光或灯光等可见光照射几分钟后，可实现自发光功能，一次可发光 10h 以上，所以可提供一定的夜间视觉识别功能。荧光石不仅具有天然石头的几何外形，而且具有如玉般的体色，根据荧光石的不同颜色和不同的发光色彩，可以设计出各种各样色彩斑斓的画面和图案，也可根据设施功能需求进行铺设。荧光石在无人工照明的路面使用，可提升夜间驾驶时的道路视觉识别性，如图 4.36 所示。将荧光石与塑胶材质结合使用，可为人们提供适宜夜间跑步的荧光跑道，如图 4.37 所示。荧光石路面的主要特点如下。

(1) 拥有极好的物理和化学特性，可在户外或恶劣环境下使用，永不变色。

(2) 其吸光、蓄光、发光的性能可以无限次循环使用，并有极长的使用寿命 (> 15 年)。

(3) 具有良好的防滑性能、抗压性强、耐磨性好等特点，铺设后降低了养护成本。

(4) 对激发光源的要求特别低，当光强为 25LX 即可作为激发光源，而一般建筑的光强可达到 500LX 以上，因此，阳光、普通照明、环境光都可以作为激发光源。

(5) 经过 10～20min 的照射，能发光 6～12h。

(6) 不含任何有害物体和放射性元素，对人体和环境无害。

图 4.36　荧光石铺设路面的导示功能

图 4.37　荧光石铺设的荧光跑道

4.3　材料与色彩

不同的材料具有不同的显色特征，色彩是影响公共设施视觉效果的重要显性因素之一，而且色彩语言不仅仅与空间形态融合表述了产品的艺术价值，更以潜在的功能属性完善了公共设施的设计目标。公共设施的色彩主要以材料为载体进行呈现，而材料呈现的色彩受到其固有颜色、材料表面的装饰颜色及光源环境对材料显色性等多方面因素影响。所以，设计师在考虑色彩的运用时，需要系统化地结合材料表面肌理与装饰方法，以及所处空间环境的特征等因素。在常规的光源与观察方式下，材料呈现的色彩既由自身物质属性决定，也受表面纹理特征、粗糙度和光泽度等因素的影响。所以，在材料的施工过程中，材料的表面肌理会影响产品的色彩感知特点，同时，材料表面处理工艺如蚀刻、抛光打磨、敷膜或喷漆等，也会对产品的色彩起到重要的影响作用。本节将从公共设施的功能性色彩与公共设施原生性色彩两方面入手，简要分析公共设施中材料的色彩应用特征。

4.3.1　公共设施材料的功能性色彩

功能性色彩常通过颜色对人们的视觉和心理产生影响，从而实现预期的功能目标，具体说是通过色彩的色相、明度与纯度等因素与所处环境形成区分，从而给人一定语义上的提示或警示等作用。纯度较高的颜色，可以从环境中脱颖而出，适宜作为提示或警示用色，而公共设施用材中除塑料等人工合成材料在制备时可形成固有高纯度颜色外，天然材料及金属和水泥材料等，都需要经过表面着色涂饰来实现。

1. 材料色彩的警示功能

涂在月台地面上的黄色警示带（图 4.38），与周围环境的颜色鲜明地区别开来，形成较为强烈的视觉效果，使等候登车的乘客产生刺激性的视觉印象，从而得到了不能随意跨越的安全警示，即使注意力相对分散的“低头族”，其视线的余光也会被醒目的黄色提醒，起到较好的警示作用。在自然界中，如金环毒蛇，或者是南美洲雨林中有毒的树蛙等，其皮肤都给人醒目的危险警示。所以，我们常用纯度和明度较高的黄色作为

图 4.38　月台地面上的黄色警示带

警示的功能色，而公共设施中自身带有此类颜色的材料并不常见，需要通过涂料做表面涂饰来实现，例如金属灯罩表面涂装成黄色的交通信号灯，黄色涂层不但可以保护灯体防锈防腐，而且可以在复杂的城市街道中脱颖而出，警示人们观察并遵守交通规则，如图 4.39 所示。

图 4.39　交通信号灯的黄色灯罩

2. 材料色彩的提示功能

公共设施上纯度较高的功能性色彩设计，除了警示人们安全性之外，很多时候也可起到提示的功能，这与颜色固有的历史语义和用色习惯相关。消防器材常涂成纯度较高的红色，如灭火器和消防栓等。在发生火灾等情急状态下，红色便于人们识别消防设施。除此之外，红色是消防系统的代表颜色，这已成为人们的日常习惯。习惯性和历史性的认知，对色彩提示价值起到重要的作用，但是在不同国家，人们对色彩习惯性语义认知是有差异的，比如在我国，我们的印象里，习惯了邮筒是绿色的，邮政绿也成了一种行业习惯用色。而英国的邮筒（图 4.40）以红色为主，美国、俄罗斯的邮筒主色调为蓝色，而德国、法国等欧陆国家的邮筒则以黄色为主。

【SUPERHOT】

图 4.40　英国的邮筒

3. 材料色彩的装饰功能

材料色彩的装饰功能多种多样，设计师应准确把握色彩与形体之间的关联性，并尝试寻求更高的美感体验与艺术追求。

“SUPERHOT”由艺术家 Morag Myerscough 和 Luke Morgan 设计，为罗马尼亚布加勒斯特举办的第 7 届 Summer-Well Festival 音乐集会的表演场地。这个彩虹色表演场与周围环境形成鲜明的对比，给观众带来欢快愉悦的感受，如图 4.41 所示。

4.3.2 公共设施材料原生性色彩

材料的原生性色彩，在此指的是材料自身的颜色属性，也是构成材料整体性能的重要组成部分。如今人们在公共设施设计中，对表面颜色的应用有种如实反映材料自身色彩属性的倾向，也就是说，不经过表面的染色、着色或涂饰处理，而尽可能如实地呈现材料自身的色泽和纹理，体现尊重工艺、尊重本真的理念。这是因为事物内在本质和外在的真实呈现，具有相对更恒久的状态和更加深远的探索价值。设计师也应不断探究创新方法，尝试不同材料自身色彩、纹理等视觉特征之间的对比与调和，以此发掘材料本质所蕴含的美感与艺术价值。

图 4.42 所示的太阳能数码产品充电设施，由美国无线运营商 AT&T、Pensa 设计工作室和 Goal Zero 太阳能系统开发商共同协作完成，目的是为市民提供充电场所的小型免费太阳能充电站。每个充电站除了配有太阳能板以外，还安装了蓄电池，可以保证电能源源不断地供应，并且每次都可以同时为 6 部数码产品进行充电。它的功能较为完善，造型简洁，材质的选择和颜色搭配突出了科技感。这款充电设施柱体为三棱柱形，护板的外壳呈现亚光的银白色，体现了铝合金坚硬的质地，恰好与木质的托盘形成鲜明的对比。而柱体的柱芯部分的材料为黑色的工程塑料，与前两者在材质的颜色上形成对比，虽然其整体未做装饰性的色彩添加，但简单合理地利用材料本身固有的色泽相互搭配，形成鲜明的秩序，使得产品具有了科技性和现代美感。

很多具有休闲性质的公共设施，并非喧闹的色彩斑斓，而是利用材料自身的色泽与简洁美观的形式融入所处的城市环境之中，通过巧妙的构思与精心的细节处理，给观者以不同的美感享受。例如木材因树种的不同而类别多样，但其表面颜色总体都体现出一种温润而恬静的美感。耶路撒冷的树屋（图 4.43）是当地青年团教育机构入口处的景观设施，该机构位于耶路撒冷的以色列博物馆，而主要来访者是少年儿童群体。树屋的主体建筑是由木材、混凝土与石材建造的，以简单的几何形态与延展的步梯和宽敞的木质平台组合而成，整体风格简约而具有现代的审美倾向，竖向排列的木方营造出干净简单的立面，在整体形态水平延展的同时形成垂直生长的动势。树屋的空间设计围绕着一棵大树展开，在不破坏大树的前提下，也为孩子们营造出一个探索性的趣味空间，而木材的色泽在混凝土的城市环境中凸显一种温和的、质朴的、令人亲近的感觉。

图4.41　“SUPER HOT”彩虹色表演场

HOT

【Ifat Finkelman】

图 4.42　太阳能数码产品充电设施

图 4.44 所示的“星体”彩色装置作品，是由 ENORME 工作室借助一种新型中密度纤维板打造出的一系列色彩丰富、纹理美观、形式简洁却极富艺术感染力的陨石“星体”。设计师将中密度纤维板模仿陨石的轮廓锯截，并涂上不同的颜色，按照预定的秩序进行堆叠拼装，这种中密度纤维板可以使用天然木皮或者三聚氰胺覆层，使用者也可以根据自己的喜好和需求在其表面上增加纹理。另外，还可以用漆、蜡等对其表面进行处理，使得板材具有更丰富的视觉表现力。

图 4.43　耶路撒冷的树屋

图 4.44　“星体”彩色装置作品

思考题

（1）了解常规材料的基本性能，发挥特性优势，进行公共设施创新设计。

（2）举例说明新材料会给公共设施设计带来哪些变化。

【星体装置】

第 5 章
基于新技术的公共设施设计

本章要点

- 适度运用新技术。
- 新技术成果的运用。

本章引言

在今天这个多元化的时代背景下，原有阻碍设计的技术壁垒已经不复存在，现代技术满足了公共设施设计中的多层次需求。每一次技术的升级都会带来更高的效率和巨大的财富，新技术为公共设施设计领域的发展提供了无限的创造空间。

5.1 适度运用新技术

在基于现代科技纷繁的设计思潮中，我们要探索现代公共设施设计的正确观念和方法，从根本上解决人与自然的和谐共生问题。把和谐的观念融入对技术的选择和使用中，即在公共设施设计中应用适度技术的设计观点，以适应自然生态规律，精准地寻求设计定位。

需要强调的是，将适度技术的方法应用于解决现代公共设施制造的过程中，因技术的滥用使材料、能源、人力等极其宝贵的资源不能被合理利用的问题，从根本上保护人类赖以生存的自然环境。适度技术观念的提出，让设计师重新审视设计中技术的合理有效应用问题，能使人们对技术的选择跳出片面追求“高技术”的误区，实现内在的科技价值与外在生态价值的统一，从而把渗透着简单、合理、有效的适度观念融入现代公共设施的创意设计思路中，形成清晰完善的设施设计评价标准。巴黎的自助洗车设施如图 5.1 所示。

图 5.1　巴黎的自助洗车设施

现代设计的两难困境在于：一方面，我们抱怨设计手段破坏了地球的生态环境；另一方面，我们又寄希望于新的设计来改变这种现状。这使得人类在每一种新产品诞生的同时，就需要有更多的技术与发明来解决这种新产品所带来的负面效应。因此，设计作为技术的实现手段正处于不断恶性循环之中，这是科技发展的宿命。当科学技术威胁到人类生存的时候，人类除了寻找新的技术来制约外，从物质角度来说，目前没有其他可行的方式来解决，人活着就要消费，就要制造垃圾，而设计在某种意义上正是过度消费的催化剂。

图 5.2 所示为 ALBERO 的纳米过滤器。ALBERO 使用创新的纳米纯化技术来检测和消除过敏原、细菌、气味和有毒化学物质，并在此过程中将其转化为水、二氧化碳和无害的基础化合物。ALBERO 的高级 PCO 过滤器是传统 HEPA 过滤器较好的替代方案，使细菌、霉菌不容易积聚、繁殖、变异、扩散，能快速有效地消除过敏原、VOC、甲醛、灰尘、皮屑、细菌、霉菌和燃烧气体。与其他任何经过测试的过滤器不同，ALBERO 专有的钛涂层陶瓷纳米过滤器最大限度地发挥了光催化反应的作用。获得专利的肺泡设计可创造最大的表面积和离子暴露量，以确保其快速、高效地

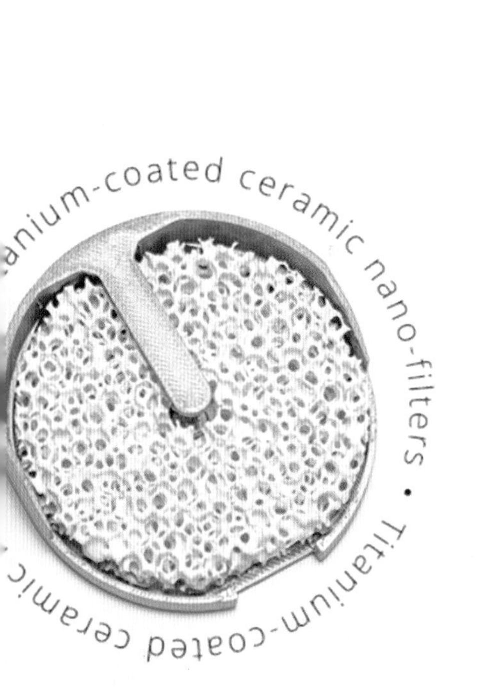

图 5.2　ALBERO 的纳米过滤器

净化空气。由于 ALBERO 的纳米过滤器可蒸发污染物而不是收集污染物，因此不需要更换，只需每 6 个月冲洗一次，而且至少可使用 5 年。外部保护性纳米涂层可保持过滤器清洁，并使其避免腐蚀、细菌、灰尘和老化，其净化效率是传统净化器的 8 倍，适合在人多的地方使用，达到净化空气的目的。

【“CAPTin Kiel”无人驾驶渡轮】

图 5.3　“CAPTin Kiel” 无人驾驶渡轮

“CAPTin Kiel” 无人驾驶渡轮（图 5.3）是基尔大学和几家海事企业的合作项目，旨在重新思考基尔峡湾周围的公共交通系统。该项目的重点是创造一种新型的客运渡轮，这种渡轮既具有自主性，又能使用清洁环保的能源。

当车辆快速行驶经过“BIV”智能减速带时，里面的液体受到重压会凝固变硬，此时的“BIV”就如同常规减速带，震一下车辆，车速就减下来了；而当车辆按照规定速度通过时，它就像一个不会破的水包，开过去并不会有太大的感觉。“BIV”智能减速带外部塑料保护件也是由该公司研制的，这种特殊的材料比普通橡胶水泥更加抗老化。正常车辆行驶并不会使它破损，而且也不会因温度变化引起破裂。目前，这种减速带已在西班牙的多条马路和停车场安装使用。

公共设施设计从以技术为核心的生态设计发展到以生活方式为核心的生态设计，是人类认识上的一次飞跃。人类追求幸福舒适的生活方式无可厚非，但是人类受观念、伦理的控制，将设计手段或方式当作目的，并迷失在追求这些目的的手段中不能自拔。如今，基于生活方式的生态设计已经受到人们的关注，生态设计已经由一般意义的生态设计向“深生态设计”发展，前者重视技术性和经济性，后者强调价值观导向和生活方式的引导。只有应用适度技术以“深生态设计”的理念和方法来构建我们的家园，人类可持续发展的目标才能真正实现。

【“BIV”智能减速带 视频】

图 5.4 “BIV”智能减速带

西班牙 Badennove 公司发明的“BIV”智能减速带（图 5.4），能自动适应车辆的行驶速度并做出不同反应。目前，常见的减速带是硬邦邦的水泥或橡胶材质，而“BIV”智能减速带是全世界第一款液体减速带，里面装着的是由该公司自主研制的非牛顿流体。

5.2　新技术成果的运用

新科技的迅猛发展加快了产业大踏步向前的步伐，给人们的生活方式带来了全新的体验。新的设计理念和新的造型趋势都是科学技术发展推动的结果，如果科技停滞不前，你就无法对所设计的公共设施提出更高的要求，也很难去建立一种新的设计理念，呈现出全新的革命式的设计成果。因此，设计师一定要“把脉”时代，以最快的速度获取科技信息，准确地把最新的科技成果完美地应用于产品设计之中，从科学技术中寻求解决设计的新办法，不断完善设计思路。因为每种产品所追求的都是推陈出新、超前的设计理念和意识。在未来的发展中，数字交互将更多地融入人们的生活，使人类信任并依赖这项技术，这主要来自人工智能技术的发展。例如，在呼叫中心，人工智能可以洞察客户说话的语调、声音的频率，并将其与情绪分析等技术相匹配，以发现问题，从而更好地提供服务。在人工智能的帮助下，我们将从纯粹的事务性工作转变为与客户更多的沟通，通过数字化交互与客户实现移情，从而建立更好的信任关系。

进入 21 世纪以来，一些发达国家相继开展智慧城市建设。2009 年，在美国迪比克市建立起第一座智慧城市。智慧城市不是一个纯技术的概念，是对城市发展方向的一种描述，是信息技术、网络技术渗透到城市生活的具体体现。智慧城市意味着城市管理和运行体制的一次大变革，为认识物质城市打开了新的视野，并提供了全新的城市规划、建设和管理的调控手段，意味着城市功能全面实现信息化。智慧城市建设的关注重点是社会应用、基础设施建设、产业发展、新一代信息技术 4 方面，会给社会经济发展带来全新的动力。智能机器人将会担负起人们日常生活中大量的工作，比如酒店送餐、送快递、照顾老人及工业中的职责等。人工智能软件则会被使用到商业上，例如，从数百太字节的数据里面提取有意义的信息，使商业服务自动化。

图 5.5　头戴式虚拟现实设备

图5.5所示为头戴式虚拟现实设备。与此同时，商业领域的相关应用，已经在快速发展。

公共设施智能化的发展一定要紧跟智慧城市发展的需求，才能助推城市的智能化发展。未来社会，机器人和自动化系统将无处不在，现代公共设施设计已经不再单纯是物化的产品设计，它更注重对受众情感的全面关照，需要实现公共设施与受众情感的交流，这种交流大多以新技术为载体。界面交互和人工智能这两种当下广泛流行的人机交互方式，就是新技术的体现。信息交互界面可以实现公共设施与人的情感交流，例如，现代城市街道两边的多媒体信息亭、导航地图、环境指数屏等一系列新媒体、高科技的公共设施产品，都向我们展示着界面交互对现代公共设施在人类情感方面的多方重视。在陌生的城市，我们可以通过街边的导航地图查询到达目的地的方法，让自己从迷茫的沮丧中获得希望。在未来的几十年里，增强现实技术将成为主流科技，而VR眼镜则可以通过融合视觉、听觉、嗅觉和触觉来帮助人们实现深度沉浸的体验。智能电子设备将会拥有更多的计算能力及更广的数码资源。移动网络和云计算将会提供给人们几乎无限的内存和计算能力。虚拟技术和基于软件的系统将会允许政府和企业在不需要昂贵的硬件升级的情况下迅速地调整升级IT系统。

对于任何物理空间，例如，会议室、办公室、商店、体育场内的VIP包厢，通过一系列技术的应用，都可以将其转化为一个可创造各种体验的虚拟环境。图5.6所示的NAVDY是一款运用了“抬头显示技术”(Head-Up Display，HUD)衍生出来的高科技创意产品，它可以轻松与苹果或安卓设备进行配对，然后通过安装在挡风玻璃和方向盘中间的特有设备将需要的信息投射和显示出来，这样不但不会影响车辆的正常驾驶，还极大保证了驾驶员的安全。

比尔·盖茨在“新世代厕所博览会”上介绍了“无下水道卫生系统”。这种系统综合采用了多种创新技术，能实现人类粪便的降解、灭菌，产出清洁的水和固态物质。这些固态物质可作为肥料，或无须再做处理就可以在户外安全排放。比尔·盖茨展示的，“无下水道

图5.6 NAVDY

卫生系统”（图 5.7）主要包括 3 种比较成熟的技术。第一种为“新世代厕所”(Reinvented Toilet，RT)。新世代厕所为独立式厕所，能将废物转化为不含病原体的物质，因此不会致病。同时，新世代厕所不需要配备排水管道、电力或污水处理厂。第二种是被称为“万能清掏机”(Omni-Ingestor，OI）的新技术。此技术能清空位于任何地方的化粪池和坑式厕所，且不受排泄物的干湿程度的限制。第三种则是可以杀灭收集到的废物中的病原体，并将其转化成清洁水、绿色能源或肥料等的“万能处理器”(Omni-Processor，OP)。新世代厕所分为单体和多单位两类，单体新世代厕所通常指的就是户厕，适用于单户家庭，也就是单独的一个马桶，用户可以根据家庭情况进行升级。多单位新世代厕所适用于公寓、大楼，一般的形式就是终端有多个厕位，然后通过比较简单的管网把它们连到同一个处理设备上，这种管网不是大管网，可以走地面。

现有的粪便和生活污水的处理基本上有 3 个环节：收集—运输—处理。而“无下水道卫生系统”的设计思路首先就是把这 3 个环节合并在一起，形成同一个设备。这样可省去运输的环节，收集和处理都可以在一个完整的链条上完成。可以想象，采用新科技的公共设施将会更广泛地融入人们的日常生活中，新科技将会改变我们与公共设施之间的使用和交流方式。

未来的智能城市中的公共设施将利用信息技术，通过大数据及自动化来提高城市的效率和可持续性。例如，使用分散探测系统将实时监视城市用电数据，通过智能电网自动调整配电；通过联网的交通信号系统及自动驾驶系统来缓解车辆堵塞的程度；利用由新材料和创新设计所建的智能公共设施来提高空调和照明系统的效率，减少能源浪费；使用太阳能板、小型风力发电机、地热发电，以及其他可再生资源提供节能低碳的公共设施服务。

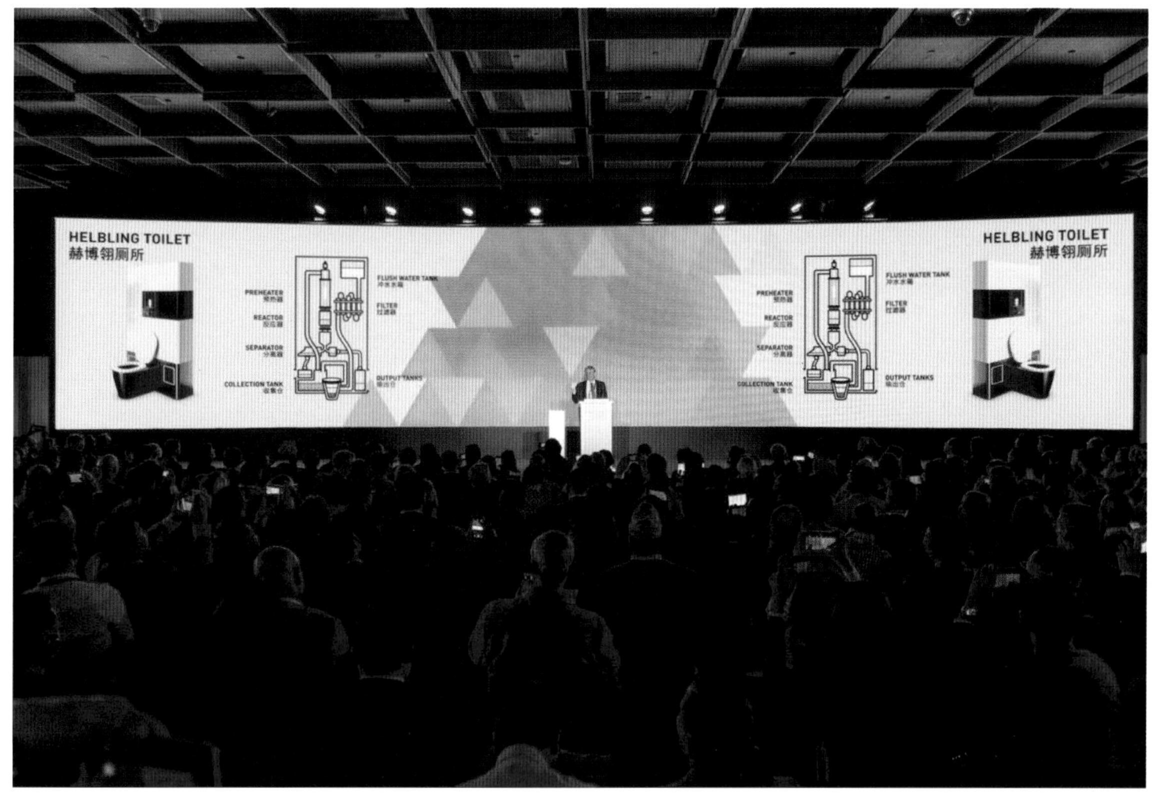

图 5.7　比尔 · 盖茨展示的“无下水道卫生系统”

如图 5.8 所示的“Warde”是一款基于交互技术的设施设计项目，于 2014 年安装在耶路撒冷 Vallero 广场上，当有行人接近或者城市有轨电车到达的时候，这朵“花”就会盛开，让整个城市广场的环境弥漫着浪漫的气息，并且给来往的行人带来快乐。

图 5.8　耶路撒冷 Vallero 广场上的“Warde”

近些年来，3D 打印技术获得了惊人的发展，新一代的 3D 打印技术融合多种材料，结合电子元件、电池及其他原件，可以按照个人需求来实现真正的“私人订制”。图 5.9 所示的海上漂流物再生展亭是基于 3D 打印技术研究的设计案例，SHoP 建筑事务所的设计师在迈阿密设计展的展馆入口处构思了这样一个设计，它试图让人们对当下城市的理解中看到明显的和潜在的两种特质。它是“漂流物和废弃物”的双展亭，既有着迷人的不定型，又被严格地定义，让人想起从硅藻到水母的当代海洋生物的几何形状。该项目采用了两个工业机器人来实施开创性工作：使用一个称为细胞建造的专门方法，将 3D 打印技术作为一种全面的、实用的建筑手段进行广泛的应用。由于技术规格的不同，每个机器人的产品可能会根据已知的限制来进行变化。SHoP 建筑事务所根据这些技术条件确定展馆的形式、尺寸和结构跨度，以便每个展馆都有两个机器人协作工作。

图 5.9　海上漂流物再生展亭

图 5.10 “迷你猫”汽车

“迷你猫”汽车（图 5.10）是法国一位工程师发明的一款零污染环保小汽车。它的工作原理是将滤去杂质的空气储存在气缸内，通过气体的收缩和膨胀推动引擎。当空气耗尽后，可以用加气站提供的充气装置将压缩空气输入底盘储气槽，只需 2～3min 即可完成充气（也可以用自带的小型压缩机充气，但完成充气需要耗时约 4h）。在空气充足的情况下，“迷你猫”汽车能够“一口气”跑 1600km，最高时速可达 154km/h。它排放的气体是冷空气，可以通过再循环系统进行回收，供车内的冷气设备使用。

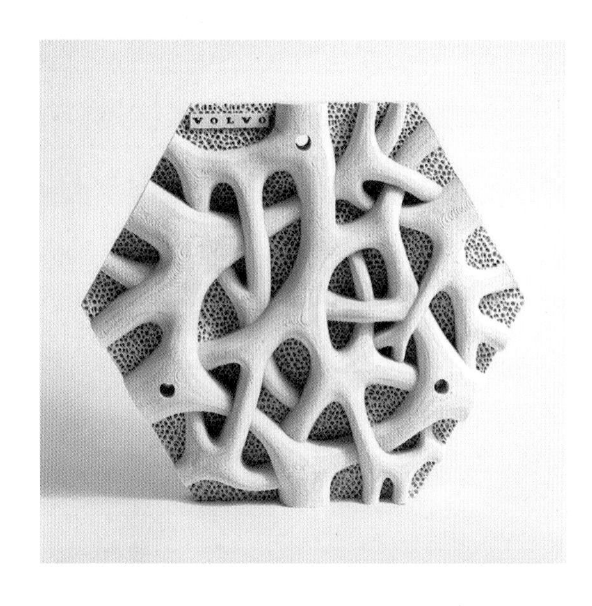

【“活海堤”】

瑞典汽车制造商沃尔沃（VOLVO）是拯救海洋运动中的新成员，它致力于通过“omtanke”（在瑞典语中是“关心”和“考虑”的意思）的理念，与澳大利亚悉尼海洋科学研究所和珊瑚礁设计实验室合作，使我们的海洋恢复健康。研究表明，每分钟都有一卡车的塑料垃圾倾倒在海洋中。在此背景下，沃尔沃的海洋生物多样性项目“活海堤”（Living 防波堤）应运而生（图 5.11）。悉尼一半以上的海岸线是人造的，抑制了维持海洋健康的微生物的生长。沃尔沃计划通过“活海堤”项目，给这些人工海堤带来仿生的感觉，从而加速这些微生物的生长。“活海堤”由六角形的镶嵌瓷砖组成，安装在悉尼的人造海堤，其复杂的交织结构模仿了红树林的树根，可以促进微生物的生长，净化海水中的有毒物质、化学物质，甚至微小的颗粒物。

图 5.11 “活海堤”

图 5.12 所示为一款“空气洗手”装置，是基于一切流体均可携带污渍的共性而研发的清洁产品。用“空气洗手”装置洗手，可以节约 90% 的用水量。第一代“空气洗手”装置的工作原理是依靠使用者自身重力驱动水龙头获得高速气流并喷出雾状水滴，从而达到清洁的目的。经显色实验和细菌实验证实，用雾化效果的“空气洗手”装置清洁效果优于普通流动水洗手。

图 5.12 “空气洗手”装置

图5.13所示的根系保护装置是采用聚乳酸塑料为材料制造的。目前，聚乳酸主要用于制造医用材料、包装材料、工程塑料、纺织品、农用地膜等。本案例中这款由聚乳酸塑料制成的根系保护装置可作用于幼苗的根部，保护植物的主根免受农具和啮齿动物的伤害，其突出的颈部设计是为了避免因拉动植物而损伤植物的根系。

图5.13　根系保护装置

图5.14所示的是一款自动消毒扶手，它的手柄由一根玻璃管制成，玻璃管两端都有铝制的盖子。在整个手柄上覆盖着一层粉末状的光催化涂层，其主要成分是二氧化钛。它可以通过化学反应分解扶手上的细菌，这种化学反应是由紫外光与玻璃管上的涂层反应实现的。此手柄由内部发电机提供动力，将门在开启、关闭运动中的动能转换为光能。在实验室测试中，这款自动消毒扶手可以消灭99.8%的细菌。

图5.14　自动消毒扶手（2019年获得詹姆斯·戴森设计奖）

图5.15所示为大众汽车子公司Electrfy America推出的一款机器人自动充电服务设备(Robotic EV Charger)。

机器人自动充电服务设备的工作原理为，车辆需要充电时，进入自动充电站，选择任意一个停车位停车。然后，停车位旁的这款机器人的“手臂”就会伸出来。它们内含充电电缆，能灵活地扭曲和移动，机器臂侧面安装了摄像头，能帮其快速连接到车辆充电口。机器臂里的建模软件和数据分析模型能识别和验证充电的适当位置、检测电量并提高充电效率，以帮更多汽车快速充电。Stable Auto还能显示汽车充电所需的时间和充电速度。

图5.15　机器人自动充电服务设备

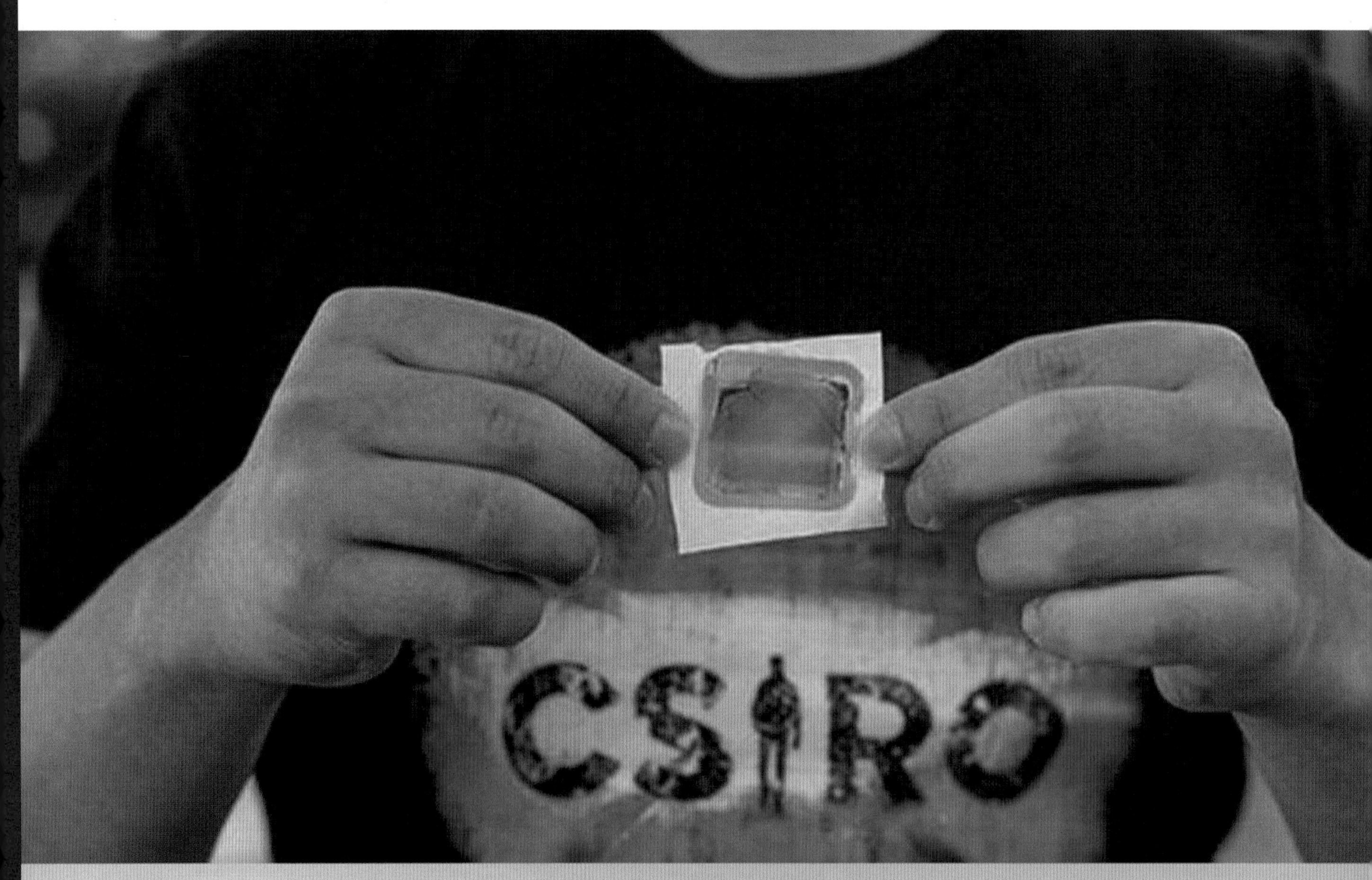

澳大利亚的科学家发明了一种更加简单高效的净水神器 Graphair（图 5.16），这是一种能够把污水直接过滤成饮用水的神奇薄膜。Graphair 净水器由石墨烯制成，过滤膜上布满了无数微小的纳米通道，只让水分子自由通过，而比水分子大的污染物就会被排斥在外。这种石墨烯薄膜的过滤效果非常惊人，研究团队甚至直接在悉尼港里采集海水当作样本，只需一次过滤，Graphair 净水器就可以去除海水中 99% 以上的盐分和污染物，达到可供饮用的程度。与市面上的净水器相比，Graphair 净水器还有其独一无二的优越性。普通净水器用久了滤膜上会堆积大量的污染物，从而影响净水效果；而 Graphair 净水器的滤膜表面即使堆满了污染物，净水能力依然不减。Graphair 净水器过滤膜研究人员是通过加热豆油来得到一系列碳建筑构件，这些成分可以用于石墨烯的合成，很适合大面积推广使用。目前，他们正在寻找合作对象，将这种技术规模化，以帮助缺水地区的居民更高效地获取饮用水。

图 5.16　Graphair 净水器

图 5.17　由 Miniwiz 的公司设计的垃圾压缩机器 Trashpresso

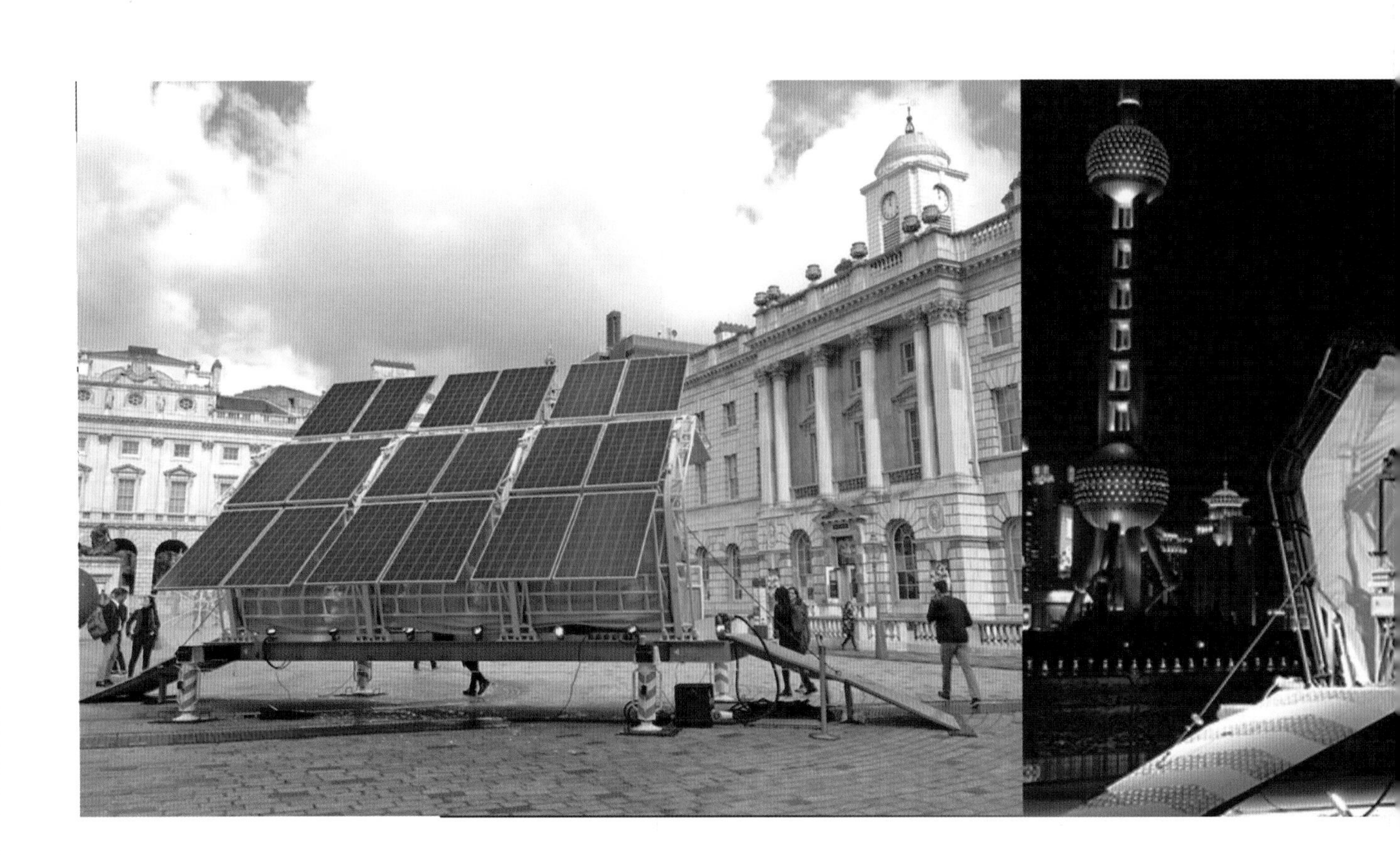

思考题

(1) 如何理解适度技术?

(2) 了解近几年的新技术及其相关信息。

(3) 如何理解新技术在公共设施创新设计?

图 5.17 和图 5.18 所示的垃圾压缩机器 Trashpresso 类似于集装箱的平台，箱长 12m，类似一个可移动的垃圾回收站，用卡车就可以拖行。Trashpresso 先将回收的塑料垃圾粉碎，然后清洗和晾干，再倒入模具中，加工成六角形的砖块。整个过程只会产生少量的废水，这些废水会经过石英砂过滤及反渗透超滤后排出，从而实现零污染排放。Trashpresso 每小时可以处理 50kg 的塑料垃圾，约 5 个塑料瓶子就能制造出一块地砖，大约 40min 就能制造出 $10m^2$ 地砖。Trashpresso 内置了完备的垃圾处理设备，能够将塑料和废旧布料处理成建筑用的瓷砖或地砖，整个处理过程仅靠太阳能供电就能完成，不需要额外供电。

【 垃圾压缩机器 Trashpresso 】

图 5.18 Trashpresso 展览图

第6章
基于可再生能源的公共设施设计

本章要点

■ 可再生能源的构成与分析。

■ 基于可再生能源的公共设施创新设计。

本章引言

本章介绍了可再生能源的概念、特点及发展现状，分析了可再生能源的构成、特点及利弊，并结合优秀的设计案例进行阐述，着重分析了可再生能源在公共设施设计的创新中所起的积极作用。

6.1 可再生能源的构成与分析

可再生能源的历史可以追溯到80万年前的生物燃料。古代中国人用聚集太阳能的方法生火造热，印第安人利用温泉这种可再生的地热资源来烹饪和治疗疾病，还有人曾大胆猜测，古埃及人是借助风力建造了金字塔。可再生能源泛指在短时间内通过地球自身循环可以不断补充的能源，如风能、太阳能、水能、生物能、海洋能等非化石能源。可再生能源资源分布广泛，适宜就地开发利用，是可持续发展的清洁能源。从可再生能源就地取材开发的特征来讲，其适合应用于公共设施设计，但是现在对其应用研发还极为有限。只有了解可再生能源的构成，分析其利弊，将可再生能源环保理念应用到公共设施设计的实践，充分利用生态能源的优势，才能最大限度地挖掘出生态能源应用于公共设施设计的价值，对公共设施设计的创新也会起到积极的推动作用。

6.1.1 风能

风是地球上的一种自然现象，它是由太阳辐射引起的。由于地面各处受太阳辐射后气温变化不同，因而引起各地气压的差异，在水平方向空气从高压地区向低压地区流动，即形成风。风能就是空气的动能，它作为一种高效清洁的新能源日益受到重视。

优势：清洁，对周边环境没有影响；可再生，永不枯竭；发电场建设周期短；装机规模灵活。

劣势：噪声大——进行风力发电时，风力发电机会发出很大的噪声。占用大片土地——风力发电需要大量土地以便兴建风力发电场，才可以生产更多的能源。不稳定，不可控因素较多——风力发电机因风量不稳定，须经充电器整流，再对蓄电瓶充电，然后用有保护电路的逆变电源，把电瓶里的化学能转变成220V交流电，才能保证稳定使用；在一些地区，风力有间歇性，有时风力较小，必须有压缩空气等储能技术的配合。

技术的实现载体：小规模的风力发电设施体积小巧，便于安装与运输，使成本降低很多。风力发电机的小型化与分散化是其应用于公共设施设计的重要前提。

(1) 新型垂直轴风力发电机：新型垂直轴风力发电机（图6.1）克服了传统的水平轴风力发电机启动风速高、噪声大、抗风能力差、受风向影响等缺点，采用了新型结构和材料，具有微风启动、无噪声、抗12级以上台风、不受风向影响等特点。它小巧的结构具备了以模块化方式大规模装备于外环境公共设施的可能性；它以风光互补发电系统为基础，具有电力输出稳定、经济效益高的特点，同时也解决了太阳能发展中对电网冲击的影响。这就意味着新型垂直轴风力发电机完全可以采用分散安置于公共设施的方式，并且可以与供电网络直接相连，在满足自身能源代谢的同时，还能在电力富余时将多余的电能供给周边设施。它从创新公共设施设计的角度为未来城市的能源问题提供了完美的解决方案。公共设施风力发电流程图如图6.2所示。

(2) 风力发电皮肤：风力发电皮肤的构想将风力运用到了极致，它使风力发电更加容易，而且无处不在。在风力发电皮肤上，各种各样的微型涡轮系统交织在一起，形成一个几乎可以弯曲成任何尺寸和形状的表面层。风力发电皮肤可以轻松地附着在设施形态外层，如果我们能用风力发电皮肤替代现有道路中间的阻隔栏杆，就能在实现其原本阻隔功能的同时，利用汽车行驶所产生的风力带动其运转产生电能。假设我们能集中把这些能源存储起来，最后集中供给电动汽车充电，那么汽车的能耗问题就迎刃而解了。

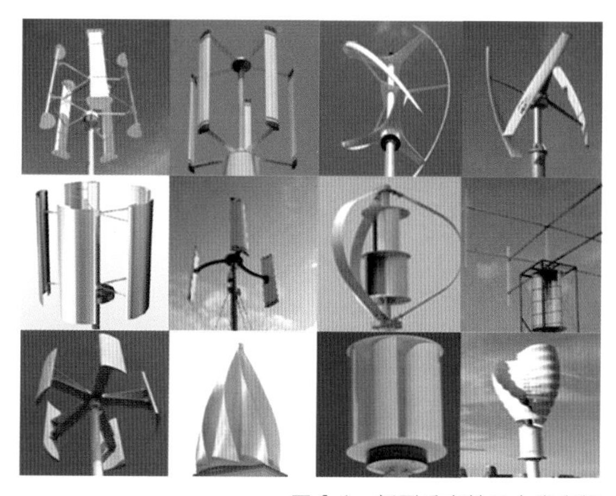
图6.1　新型垂直轴风力发电机

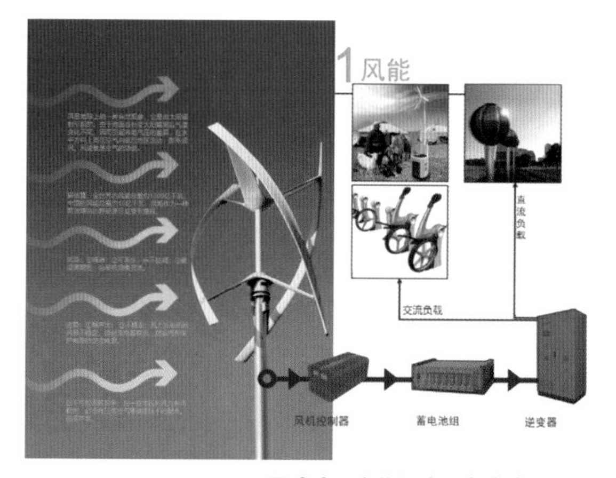

图6.2　公共设施风力发电流程图

6.1.2　太阳能

太阳能发电就是利用光电效应将太阳能转换为电能的获取形式。太阳能是真正取之不尽、用之不竭的能源。太阳能发电环保无污染，是公认的理想能源。要使太阳能发电真正达到使用水平，一是要提高太阳能光电转换效率并降低其成本，二是要实现太阳能发电同现在的电网联网。

优势：无枯竭危险；绝对干净（无公害）；不受资源分布地域的限制；可在用电处就近发电；能源质量高；获取能源花费的时间短。

劣势：照射的能量分布密度小，即发电设备占地面积较大；其特殊的能源性质，使其在很大程度上受昼夜、晴雨、季节的影响。

技术的实现载体：铝箔太阳能电池这种新型太阳能电池，每一单元是直径不到1mm的小珠，它们密密麻麻地规则分布在柔软的铝箔上，就像许多蚕卵紧贴在纸面上一样。在50cm^{2}的面积上大约分布着1700个这样的小珠。这种新型太阳能电池虽然能源转换效率只有8%～10%，但价格便宜。而且铝箔底衬柔软结实，可以像布料一样随意折叠且经久耐用，挂在向阳处便可发电，非常方便。使用这种太阳能电池，发电能力为1W时设备只要6美元，而且每发1kW·h电的费用大约14美分，完全可以同普通电厂产生的电力相竞争。如果将这种太阳能电池安置在诸如公共候车亭的广告牌位置上，那么每年就可获得大约2000kW·h电，何况适用于安置铝箔太阳能电池的公共设施远不止广告牌一种，如图6.3和图6.4所示。

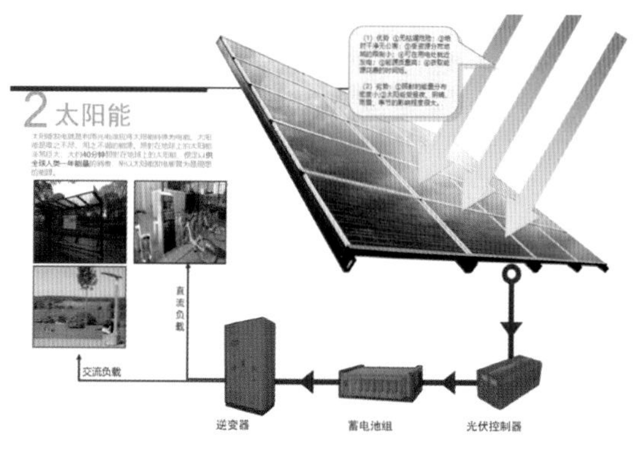

图6.3　公共设施太阳能发电流程图

图6.4　得克萨斯州屋顶上的太阳能电池板

图6.5　环保路灯

这款环保路灯（图6.5）由纽约创业公司EnGoPLANET设计，它不仅可以利用太阳能充电，而且还可以利用行人走路产生的能量充电。当行人在路上行走时，总会踩到一两块与它配套的踏板，每一步都可以产生7W的电力，而这些电力将被存储进电池中，以供路灯使用。

除此之外，它还有检测空气质量、温度、湿度的功能。如果你注意观察传统的路灯，你会发现它们除了照明之外别无他用。而我们则将其打造成便民的设施，行人可以坐下休息，连接其提供的免费WiFi，或者利用USB接口给手机充电。这样的设计不仅让路灯变得智能，而且对于降低二氧化碳的排放量与减少路灯的维护费用，也做出了极大的贡献。

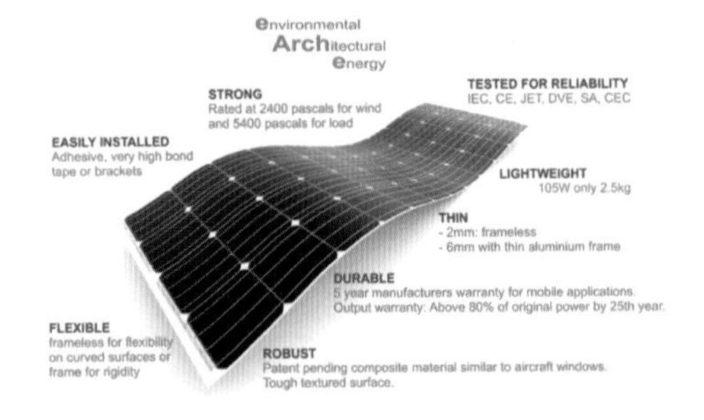

图6.6　无玻璃太阳能板eArche

太阳能公司SunMan已研发出可挠式无玻璃太阳能板eArche（图6.6）。这一技术将有机会改变目前的太阳能市场，使太阳能装置再也不限于屋顶与地面型，也可装设在拱形的屋顶、车顶、无人机、汽车或建筑物外墙，甚至可以安装在人们的衣服上。图6.7所示为太阳能单车架。

图6.7　太阳能单车架

6.1.3　生物能

生物能是指生物在生长过程中的能量代谢差值。提供生物能的途径主要有3种，即热转换、生物转换和物理转换，这些方法都需要配置和设计各种各样的化学反应器。将生物能转化为生物电能有两种途径：一种是利用生长中的生物新陈代谢产生的能量转换为基础，并将其转化成电能；另一种是以燃烧秸秆产生气体、液体或固体燃料的形式提供生物燃料或者用于发电和供热。

优势：可再生，永不枯竭；转化形式多样，涵盖面宽泛；培育周期短；装机规模灵活。

劣势：占用土地面积偏大。植物能源不但会抢夺人类赖以生存的土地资源，还会导致社会不健康发展；容易形成过度繁殖。动物能源的开发和使用具有同样特性，如果大规模开发必将导致区域地面表层土壤环境遭到破坏，从而再一次引起生态环境变化。

6.1.4　植物发电

植物发电的本质是利用土壤中的微生物进行发电，因为发电过程中主要的能源物质来源于植物光合作用产生的有机物。这些有机物只有很少一部分提供给植物自身的生长，剩下的大部分会通过植物的根系分泌到土壤环境中。而存在于土壤中的一些特定的“产电”微生物可以有效地利用这部分有机物，经过细胞内部的新陈代谢作用将其氧化，并把该过程中产生的电子通过细胞的呼吸链传递到细胞外部。如果在土壤中放入电路的阴极和阳极，那么这些电子最终将被阳极接收，随后通过外电路传递到阴极。在阴极，电子与空气中的氧气结合，再加上来自阳极的氢质子，最终生成水。在整个过程中，植物的光合作用为“产电”微生物发电提供了基本养分，人工的外电路负责收取电能。

6.1.5　其他能源

这里所讲的其他能源主要是指通过自然界的其他能量转化所产生的可以被人类所利用的能量。例如，人体的热量、车轮碾压地面所产生的机械能、气流摩擦空气产生的热能等。虽然这些能源本身都是通过其他非生态能源转化而来的，但就其本身而言都属于生态能源的范畴。

1. 机械能转换

机械能是动能与部分势能的总和，这里的势能分为重力势能和弹性势能，这些能量普遍存在于我们的身边并时刻发生着转换。就拿汽车行驶时对路面产生的碾压作用来说，我们可否利用汽车经过减速带时所引发的减速带自身形变（这一能量转换过程）来服务于公共设施设计呢？答案是肯定的。Safe Hump 安全减速带（图 6.8）看上去和一般减速带一样，只是内部安装了能量转换设备和 LED。白天汽车通过减速带时的机械能被转换为电能储存起来。到了夜晚，这些电能将点亮 LED，很远就能提醒司机要减速通过。Safe Hump 安全减速带内部的系统允许它将机械能（经过它的汽车）转换为电能，从而为 LED 供电。之所以想要这样做，是因为夜间 LED 内衬的限速器在远处很容易看到；而且驼峰的设计可以让车在上面平稳地滑行。

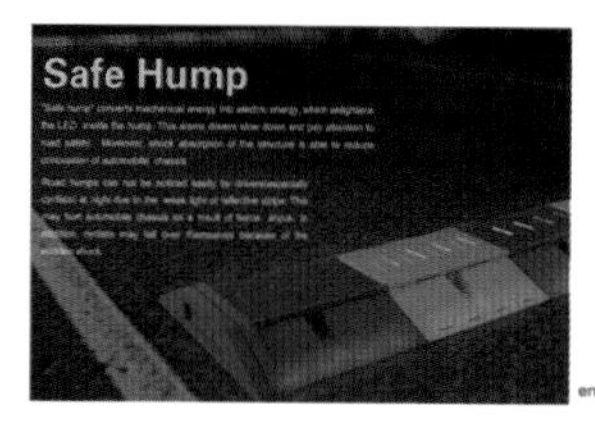

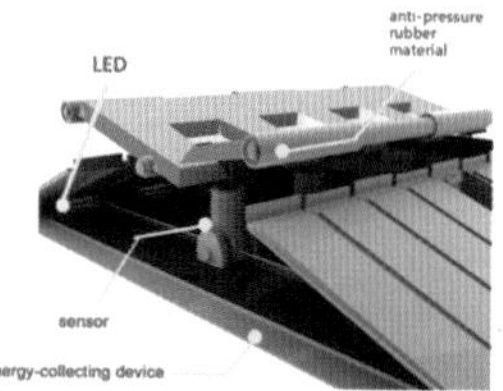

图 6.8　Safe Hump 安全减速带

【Safe Hump 安全减速带】

2. LED 技术

【植物发电灯 Living】

LED 以发光二极管作为光源，因为其是一种固态冷光源，所以具有无污染、耗电少、光效高、寿命长等特点。LED 技术凭借着超低的热量生成与能耗代谢，近些年来被广泛应用到工业产品、建筑、生物化工等领域并取得了相当大的成果。但是，因为现阶段 LED 的照明亮度极为有限，特别是其光线穿透雾气的能力尚且达不到路灯设计的标准，致使 LED 技术还是未能被广泛应用于公共设施设计领域。倘若我们能对其加以合理的应用，相信 LED 技术与公共设施的结合设计会有相当大的发展潜质。例如，在前文中提及的城市生态能源照明系统设计，正是基于 LED 技术与 H 轴风能发电机两大技术理论而提出的大胆构想。图 6.9 所示为荷兰设计师 Ermi Van Oers 设计的植物发电灯 Living。

图 6.9　植物发电灯 Living

6.2 基于可再生能源的公共设施的创新设计

人类在创造了现代化的生活方式和生活环境的同时，也加速了资源、能源的消耗，对地球的生态平衡造成了极大的破坏。现在诸如全球气候变暖、资源枯竭、环境污染、物种灭绝等问题层出不穷，这些都成为人类可持续发展道路上的绊脚石。现今社会，太阳能、风能、生物能等清洁能源已经被广泛应用到产品设计的各个领域，但是应用于公共设施上的清洁能源还极为有限。技术是设计的平台，技术革新无疑为设计师提供了更为宽泛的设计思路和手段。自古以来，科技的发展一直在人类的设计过程中扮演着重要的角色。近年来，伴随着科学技术的飞速发展，一些新的技术更是给基于生态能源下的公共设施创新设计带来了新的契机，将生态能源应用到公共设施的创新设计，形成设施的能源自给机制无疑具有很大的必要性和商业价值。

图 6.10 所示为马斯达尔城的太阳能云田，此设计入围 LAGI 2019“冷却阿布扎比”全球创意设计竞赛大奖，由伊格纳西奥·马蒂带领的位于英国伦敦的设计团队设计。

人类的生存和社会的发展离不开能源，能源是经济发展的主要驱动力，是人类赖以生存的物质基础，是维护生态平衡的重要因素。地球上诸如石油、煤炭等常规能源总量是有限的，且不可再生。据有关专家预测，到 2050 年，能源危机将席卷全球，如果能源问题不解决，会危及人类的生存。积极寻找清洁的可再生能源和有效的节能措施，构建可持续发展的社会是人类的必然选择。居安思危，是当下世界各国秉承的可持续发展理念，

图 6.10　马斯达尔城的太阳能云田

普遍都通过立法、政策支持、资金投入、更新技术等手段推进可再生能源的持续发展。如今，众多国家都将发展水能、风能、太阳能等可再生能源作为应对危机的重要手段。

面对上述问题，设计师将何去何从？产品设计如何适应时代发展的要求？如何介入可再生能源的研发应用之中？如何实现可持续发展的长远目标，造福人们的生活？这些是设计师必须思考的问题。

公共设施设计从诞生直至消亡的整个过程，都伴随着能量的产生与损耗，只有将生态环保意识渗透于设计之中，才能从根源上解决产品设计和制造行业的能源浪费问题。也唯有遵循这样的设计规律，才会在生产与消费过程中节约能源和保护环境，实现生产与消费的统一，从而引领人们的生活向可持续的方向发展。

图 6.11 Following Eye

Following Eye 装置（图 6.11）的概念灵感来源于眼睛，它见证了马斯达尔城发生的巨大科技进步，也见证了生活在这里的市民的日常生活。“眼睛”在白天追随着太阳，吸收太阳能，在夜间追随着市民，为他们提供明亮的灯光。

图 6.12 HanPower Plus

HanPower Plus（图 6.12）是一款创新产品，它将充电功能和太阳能发电功能巧妙地结合在一起。HanPower Plus 的折叠式设计使其显得更具吸引力和先进性，在众多同类产品中脱颖而出。由于便携式太阳能充电器的分体设计更为灵活，其发电模块和储能模块易于拆卸，磁吸式接口连接牢固，方便两个模块的分体。作为实用性和设计性的完美结合，HanPower Plus 采用了表面仿金属喷漆工艺和仿皮革材料，进一步丰富了产品的细节，提高了产品的质量。值得一提的是，HanPower Plus 集成了 PowerFlex（CIGS）柔性薄膜芯片，实现了高达 18.7% 的转换效率，使其成为不间断充电的移动发电站。只需 9min 就能为 iPhone X 充到 10% 的电量。此设计同时揽获 2019 红点设计大奖和 IF 设计奖。

【Wind Pavilion 风馆】

图 6.13 Wind Pavilion 风馆

Wind Pavilion 风馆（图 6.13）采用了智能“自然资源回收系统”，为人们打造了更加舒适的公共空间。“建筑风”主要有角隅风和涡旋风两种类型，它们都能产生强而有力的气旋。Wind Pavilion 风馆通过收集建筑风将风能转换为电能，并对电能进行存储。此系统还可以收集雨水，将雨水过滤并储存在地下用来浇灌植物。当温度过高时，传感器会指示机器从储存的水中抽出干净的水，并以水雾的形式喷洒出去，给周围环境降温。储存在柱子里的电能可用来抽水。

6.3　基于可再生能源的产品设计实践

人类利用可再生能源的历史悠久，并充分利用自然力，从事农、牧、渔业生产及日常生活。古代利用可再生能源最有代表性的产品莫过于水车，它是我国古人创造出来的充满智慧的用于提水灌田的工具，现已成为我国珍贵的历史文化遗产，距今已有 1700 余年的历史。水磨坊也是人类早期利用可再生能源的典范，由引水道、水轮、磨盘和磨轴等部分组成，以流动的渠水为动力，带动木轮引擎，使石磨昼夜不停地运转，达到持续生产的目的。早期的能量来源是将水能转化为机械能，随着科技的发展，水能被大规模开发利用，水力发电已成为现代社会重要的能源获取方式。

太阳一直在为人类提供着能源。法国人奥古斯特 · 穆肖利用太阳能设计了世界上第一个太阳灶，他用抛物面镜反射太阳能集中到悬挂的锅上，供法军使用。随后各种样式的太阳灶层出不穷，由于它具有便利、无公害、无污染的特点，受到偏远农村特别是燃料匮乏地区人们的广泛使用，具有很高的使用价值。如何将可再生能源科学、合理、适度地运用于产品设计中，是摆在设计师面前的一个重大课题，需要设计师去探索、去挑战。

图 6.14 所示的雕塑 Solar Cloud 应用了碳纤维增强编织网薄膜光伏技术。它由 1500 个“太阳气球”组成，这些聚集在一起的“太阳气球”悬挂在空中，就像一个庞大的生物，随着生命的节律而振动，并且会在地面形成动态的阴影。每当夜幕降临，这个广场就被改造成为一个可编程的数字艺术平台——“索尔艺术云”新媒体博物馆，拥有无限的形状和多彩的光线，容纳了来自世界各地艺术家的艺术品。

图 6.14　雕塑 Solar Cloud

图6.15所示是由德国设计师设计的Algaescape。它通过为藻类提供一个理想的生长环境来产生沼气，从而实现每年发电量约436MW·h的目的。Algaescape面向公众开放，公众可以观察藻类的生长情况。

图6.16所示是由国外某公司设计的太阳能沙漏，可以通过集中太阳能来发电（带定日镜的塔下热束），年发电量约7500MW·h。

图6.15　Algaescape

图6.16　太阳能沙漏

6.4　可再生能源的应用

可再生能源具有自我恢复的特性，并可持续利用。可再生能源产品环保、节能、应用方便、施工便捷、地域性强，具有常规能源不可替代的优势。另外，可再生能源应用于公共设施设计具有小型化的特点，它的充分利用，传递着“绿色经济”兴起的正能量。科技创新驱动了可再牛能源产品的发展，使可再生能源成为新兴的战略产业。设计的本质是发现问题、分析问题、解决问题，对人们的认知实践活动起着基础性的作用。所以，基于可再生能源的公共设施设计必须有可持续发展的观念，设计师要充分开动脑筋，寻找科技、设计与艺术的交集，并将其完美结合。

图 6.17 所示是纽约市某设计师受风吹过麦田场景的启发而设计的 Windstalk。它共有 1200 根 55m 高的“茎秆”，这些“茎秆”成对数螺旋形排列。当下雨时，水会顺着“茎秆”汇聚在谷底，汇聚的这些雨水可用来浇灌花园。另外，Windstalk 还能通过风吹动“茎秆”来发电，年发电量约 20000MW · h。

图 6.18 所示的公共设施名为“在波浪之外”。它是由 Jaesik Lim、Ahyoung Lee 等设计师联合设计的，其采用有机薄膜能源技术，年发电量约 4229MW · h。

【 Windstalk 】

图 6.17　Windstalk

思考题

(1) 通过市场调研，收集3款基于可再生能源的公共设施设计的实际案例，分析这些设计的不足之处，并选出一款进行优化设计。

(2) 结合有关国际竞赛，设计一款基于可再生能源的概念公共设施。

图6.18 公共设施“在波浪之外”

第 7 章 通识设计理念与公共设施创新设计

- 通识设计的理念。
- 公共设施与人行为关系的评判标准。
- 通用性与人的生理行为。
- 通识设计视野下的公共设施创新设计。

如今，人们的生活理念由物质追求向精神享受过渡的趋势日渐明显，公共设施设计也逐渐由单一满足人们物质化的功能属性转向关注人们精神化的情感需求。公共设施的设计研发除了要具备操作简单、使用便捷、经久耐用等诉求外，还要关注区域间大多数人的心理需求，以适应复杂多样的使用人群。这就需要引入通识设计的理念，在公共设施的设计过程中，需要细致地分析由本能、认知、反思等心理因素支配下的人的行为规律。这样设计师才能在摆脱技术束缚的同时，随心所欲地创造趋于完美的现代公共设施产品。在了解人的行为规律后，我们才能享受到公共设施为我们提供的无微不至的情感呵护，实现人与公共设施的完美交互。本章从通识设计的理念、公共设施与人行为关系及人的生理行为对产品通用性的影响等方面入手，在公共设施领域不断地发掘通识设计的创新驱动力。

7.1 通识设计的基本概念与理念

“通识”一词从字面意义理解为广博的学识，也可理解为拥有广泛而融通的知识建构，并以此为依据进行实践活动。通识常见于对人才的培养与教育领域，如通识教育与专业教育成为对比鲜明的两种教育模式。通识教育的目标是在现代多元化的社会中，为受教育者提供“可通行于不同人群之间的知识和价值观”，也就是建立在整个社会的不同群体中通用的知识体系。可见，我们对“通识”的理解是，它并不是唯实用性与功利性的单向度的价值判断，而恰恰要建立一种相对自由的、顺应自然的、多样化的适用性。设计的目标是为人服务。而公共设施正是处于公共场所之中，为整个社会群体提供服务。公共场所中的“人”是多样化的群体组成，有处于中心地位的引导者，也有处于边缘化的弱势群体。因此，我们的设计要尽可能地适用于组成社会群体中所包含的各类人群的需求。

7.1.1 通识设计的概念

在设计领域，我们习惯将“通识设计”等同于“通用设计”。通用设计是指任何一种产品或环境空间的设计，要尽可能以符合所有人使用需求为原则，无论使用者的年龄、身体状况或能力水平如何，都能够在使用过程中实现便捷性。通用设计体现了文明社会所倡导的人人平等、没有偏见、没有歧视、尊重个人权利的进步思想观念。这一概念最初是由美国北卡罗来纳州州立大学的罗纳德·梅斯教授在 20 世纪 80 年代提出的，并于 1985 年正式使用“通用设计”一词。

通识设计与关心残障人士行为需求的无障碍设计存在一定的差异。无障碍设计的核心在于将设计对象从老人、儿童、孕妇、残障人士等弱势群体扩大到了所有人的通用性，从而避免了弱势群体被差别对待的现象，这体现了设计师对人的社会价值平等性的关切，从更深层面解释“以人为本”的设计宗旨；而通识设计广义的理解也是人性化设计的发展与升华，将突破通用性的解说，成为用户、产品或设施，以及身处环境多维诉求的思索与整合。

7.1.2 通识设计的原则

设计原则是指导设计实践的依据，在提出通用设计概念的基础上，美国北卡罗来纳州州立大学通用设计研究中心的工作小组提出了通用设计的 7 项基本原则。这 7 项基本原则仍具有一定的普遍适用性，对我们在公共设施中运用通识设计也同样具有明确的指导意义。它们分别是：公平的使用原则；灵活的使用原则；简单的使用原则；直观的信息原则；有容错性原则；低体能消耗原则；提供充足使用空间和尺度原则。这些原则的目标是设计能够整合及满足更多使用者的需求，使其具有适用于不同人群生理的行为需求及心理的认知感受。通用设计的 7 项基本原则也在努力地搭建一个思想框架，形成对设计是否具有通识效能的评价依据。

随着数字化与智能化技术的高速发展，我们对通识设计指导性原则的思考也会受到这一时代背景的影响与介入。例如，在公共场所面对组成复杂而又数量庞大的人群，要进行泛化的人的行为规律的采集与分析，需要消耗大量的人力与时间，而且由于操作准确性等不确定因素的影响，分析结果的可信度也大打折扣。大数据技术为这一诉求提供了可能，为人类行为学的研究打开了新的局面，这也无疑为通识设计提供了更加可靠的依据。人工智能技术将为通识设计提供重要技术支撑，通过智能识别技术的不断革新，预想未来的公共设施设计，不但能可视化地识别普通人群或特殊人群的行为差异性，从而智能地调节设施的物理尺度或结构性状等，以达到最佳的服务状态；还可以通过人脸识别技术、心理量评估等一系列算法的完善，通过变革公共设施的服务模式来满足不同使用者潜在的心理需求，实现智能化的公共设施与使用者之间的信息融通与共识，实现更高的通识性需求，这将引起创造力的自由释放与设计思维的颠覆性变革。

7.2 公共设施与人行为关系的评价标准

城市化进程中人们生活环境在不断发生改变，这使得其逐步形成了对环境改造与适应的本能。人与环境的交互作用可表现为环境刺激和相应的人体效应，在外部环境因素刺激后，人的感觉系统会出现相应的反应，引起生理和心理效应，并以外在行为表现出来，我们将这种行为表现称为环境行为。环境行为通过环境因素的刺激作用而使人产生愿望与需求，所引起的生理和心理需求动机，促使其对环境进行适应或者改造。公共设施是公共环境空间的功能载体之一，它在为人们提供服务的实现功能的同时，也对人们的行为方式产生影响，设施与人的行为是相互影响的互动关系。加强对公共环境空间中人的行为特征的分析，是研究公共设施领域通识设计的前提。

7.2.1 人性场所行为关系的评价标准

公共设施与人的行为关系十分密切，这种关系的分析不但是创新的源泉，也是设计成败的依据。美国景观学家克莱尔·库珀·马库斯和卡罗琳·弗朗西斯在《人性场所》一书中，探讨了城市开放空间设计，其中的美学目标必须与生态需要、文脉目标和使用者三方面取得平衡并相互融合；同时，对“成功的人性场所”总结出评价标准，成为公共设施设计中的重要参照。这些标准同样也适用于公共设施与人行为关系的评价之中，具体评价标准如下。

（1）设施的具体位置应在潜在使用者易于接近并能看到的位置。
（2）明确地传达该场所的可用性，该场所就是为了让人使用的信息。
（3）空间的内部和外部都应美观、具有吸引力。
（4）配置各类设施以满足最有可能和最吸引人的活动需求。
（5）让使用者有保障感和安全感。
（6）有利于使用者的身体健康和情绪安定。
（7）尽量满足最具有可能性来使用该场所群体的需求。
（8）鼓励不同群体使用，并保证一个群体的活动对其他群体的活动不造成干扰。
（9）考虑日照、遮阳、风力等因素，使场所环境在生理上给使用者舒适感。
（10）实现儿童和残疾人等特殊群体也能使用的目的。
（11）融入一些使用者可以控制或改变的要素（如托儿所的沙堆、城市广场中心互动雕塑喷泉、儿童游乐设施等）。
（12）把空间用于某种特殊的活动，或在一定时间内让个人拥有空间，让使用者（个人或团体）享有依恋并照管该空间的权力。
（13）维护应简单、经济，控制在各空间类型的一般限度之内。
（14）在设计中，对于视觉艺术表达和社会环境要求应给予相同的关注，过于重视一方面而忽视了另一方面，会造就失衡的或不健康的空间。一切行为都来自人的自身需求，所以就要有一个好的空间效应。

7.2.2 人行为的通识设计需求

人们根据需求创造了城市环境，在某种程度上可以认为是行为需求决定了环境设施，空间与行为的结合构成了供人使用的场所，以适应人们不同的行为，只有这样空间才具有真正的现实意义。而人在城市环境的公共空间中，行为的发生一般具有内在的目标导向性，也受到其他多种因素的影响，使人的行为会呈现偶然性、不稳定性和复杂性等特点。同时，公共空间中活动的每个个体也会呈现不同的行为特点，这源自人与人之间的差异性，例如，健康的人和行为障碍者之间的行为区别等。所以，我们应了解并把握人行为需求的多样性与差异性特征，并在公共设施的设计过程中进行“通识性”的整合，使设施可以为不同的行为需求提供有效的服务。

公共设施的一些细节设计以功能整合的方式满足不同人群的行为需求。乘坐公交车在普通状态下是非常便捷的出行方式，但是人流高峰期上车和下车的过程有时变得并不容易，即使乘客数量有限，那么偶尔遇到行动不便的老年人、残障人士或者孕妇等乘客，就会造成拥挤，产生苦闷的上下车体验，使其放弃乘坐公交车。为了改善这种状态，设计师在不同层面对公共交通系统进行完善，设置便捷的通道，降低或取消乘客上下车时车厢地板与月台路面的高度差，在车厢内拓宽过道的尺度，设置专用的轮椅停放位置等，其目的是实现公共交通系统能为更广泛的群体提供便捷服务。

设计师 Jinwon Heo 设计了一款通用巴士提示按铃。如图 7.1 所示，较大的白色按钮供特殊乘客下车时使用的，而较小的红色按钮是在常规状态下使用的。这样有区分地按下提示铃时，驾驶员就会知道下车的是普通乘客还是需要特殊关照的乘客。如果碰巧是一名特殊乘客，那么驾驶员可以做出一些相对稳妥的停靠安排，以便为其提供更贴心的服务，如提前减速、缓慢转向及尽可能在靠近站台处停车，驾驶员在确保乘客安全下车之后再缓慢启动等。这款按铃设计借助通识设计的方法，在提高公共设施服务水平的同时，并不用担心普通乘客会有意按下行动不便的下车按铃。

公共场所中的私密性与开放性的取舍与评价，在一定程度上反映了设计师对使用者行为习

图 7.1　通用巴士提示按铃

惯的分析与判断。公共场所人为的声音影响了场所体验的舒适性，也影响了人们的使用效率。获红点设计大奖的“Wyspa”是一种适宜公共场所使用的新型家具。“Wyspa”系列公共座椅（图7.2）是通过功能改进而满足开放性与私密性需求的一种实验性的突破。它以一种独特的视觉形式将隔音板和座椅结合为一体，仿佛将座椅嵌入一个形态简洁的类似屏风的隔断里，造型与材质色泽质朴大方，给人以柔和、轻松且安稳的心理感受，并且提供单座、双座和半围合对坐多种形式，以实现更灵活的选择性与适应性，创造出开放的公共空间中可隐私交流的小环境。

设计师阿兰·吉尔斯设计的“BuzziSpace”系列产品（图7.3），进一步实现了在开放性场所满足小空间的私密性功能。其中，“Buzzi Hive”产品不仅仅是遮蔽性较强的组合家具设施，更像是大房间内安置的一个相对私密的环境，既可以在其中与人亲密交谈，也可以独自享受安静而私密的个人空间。而壁挂式“BuzziHood”产品是公用电话机位半开敞式的遮阳壳体，通过隔音材料可以有效阻隔周围人来车往的喧嚣，让人们安心打个电话。“Buzzi Space”系列产品之所以能达到较好的吸音降噪效果，是因为这种看似软包材料一样的外壳，都是由100%可回收的吸音织物制成的。

图7.2 “Wyspa”系列公共座椅

图7.3 “BuzziSpace”系列产品

7.3　通用性与人的生理行为

公共设施的使用主体是人，人的生理特征及其产生的尺度因素决定了人与公共设施之间交互的顺畅性。公共设施作为服务于人的工业产品，其设计过程必须遵循人的行为尺度，才能满足人的使用需求。人的行为具有习惯性与偶发性，所以，我们可以先从人的生理特征出发来分析行为需求。然而，思考人的行为的目的是实现公共设施与使用者的适用性，在调整过程中，除了设施形态及使用方式改变之外，还涉及细节尺度的修正。公共设施设计中满足人的生理行为尺度，可以从 3 方面进行分析，即人的硬件尺度、软件尺度和习惯尺度。

7.3.1　硬件尺度

硬件尺度主要是从应用物理学角度分析人的相关尺度、形态和各种力学问题，主要包括对人体各部分的肢体尺寸、活动半径、工作范围及肌肉力量等静态和动态条件下的客观测量与分析，从而形成公共设施产品的重要设计依据。

静态特征是由人肢体的基本生理尺度和结构特征组成的，对公共设施发生较为直接与鲜明的尺度关系，是设计过程的硬性要求。人机工程学领域的研究提供了人的生理尺度及结构的显著特点，其目的是通过设施的调整和变换，满足人的生理条件，提高公共设施的舒适性。

动态特征主要针对人的活动范围与公共设施相关的部分和位置关系所形成的尺度需求，包含大量人的活动性依据，是对动作的发生、路径、目标等全过程进行考察与评估，以确保公共设施结构、尺度的可用性与便捷性等。

静态特征与动态特征共同构成大部分人常态下的行为动作系统，而公共设施的硬件尺度通用性的分析，是对常规及非常规的人群行为需求的整合，以此构成的硬件尺度满足通用最基本的设计依据。例如，对于大多数人来说，使用公共卫生间是理所当然的事情，先进公共卫生间方便，然后洗手并擦拭干净，最后整理好衣物离开。这一流程的完成在大多数情况下，对公共卫生间及配套设施设计需求并不是一项艰巨的任务。但是，并非每个人都有能力轻松地进出公共卫生间，因此，无障碍功能或设备设施的通用化，可以摆脱形态与高度等限制，使得看似简单的如厕行为变得更加人性化。

传统的烘干机形态单一，装配高度难以满足不同使用群体的尺度要求。韩国工业设计师 Hyunsu Park 利用通识设计的理念，细致地分析人在洗手后烘干时的动作后，对烘干机进行了结构创新。烘干机有两个方向的出风装置，工作时根据红外识别，可开启向上模式和向下模式出风的自由切换。常态下，成人站立时抬起手臂适宜的高度，可选择向上的出风模式，而当儿童或坐在轮椅上的人抬起手臂时，具体的硬性尺度下降，这时烘干机通过红外线感知开启向下出风模式，释放

图 7.4 通用烘干机的设计

热空气，满足了不同个体的需求，解决了硬件的尺度适用性问题，如图 7.4 所示。

使用公共卫生间的马桶，对于残障人士来说无疑是一种考验。由 Cangduk Kim 和 Youngki Hong 设计的通用坐便器（图 7.5），提供了一种供残障人士相对灵活使用的方案，也符合残障人士和普通大众均可使用的通用性特点。坐轮椅的用户使用坐便器时，只需借助把手让自己从轮椅上直接向前滑动即可，马桶无盖而且坐便口光滑、弯曲的设计形式使这种滑动更加便捷，甚至还可以靠在洗手台的胸板上，以增加稳定性和舒适性。当需要站立或在轮椅之间转移时，胸板上的把手也可以提供支撑。对于普通用户来说，胸板成为靠背的挡板。这款通用坐便器还非常节省空间，只需要残障人士专用马桶 1/4 的占地面积。

图 7.5 通用坐便器

运用通识设计思维进行创新设计，帮助残障人士自主承担基本的生活起居能力，使其恢复信心，以健康的心态积极主动地发挥自身价值，这无疑是设计应具备的重要的社会学意义。韩国产品设计师 Jiheon Song 考察传统的洗衣机样式，发现洗衣机的开口与高度不便于轮椅使用者开启洗衣机拿取衣物。为了解决这个问题，他设计了具有前卫造型的“Slip Wash”滑盖式洗衣机。这款洗衣机将普通洗衣机垂直的机体部分改为向内缩进流线造型，使乘坐轮椅的用户能更加贴近机体便于放置衣物；洗衣舱盖的高度和转向也很独特，只需轻轻按压即可滑动至上侧开启的舱盖，且不影响洗衣机的容量。这款银灰色的洗衣机拥有简洁而前卫的外观，玻璃舱盖与显示面板相结合的设计方式，可方便用户观察洗涤状态。这款洗衣机还可以关联专用的 App 随时远程控制清洗的进度。这一系列的形态改进与功能完善，让我们清楚地认识到，通识设计的贴心创意确实减轻了操作者的负担（图 7.6）。

对普通人来说，开关冰箱门似乎并没有什么不便，但是对于一些残障人士来说，普通冰箱门的设计就显得不那么合理。抛开使用人群不谈，考虑到目前小户型公寓狭窄的厨房空间问题，冰箱也应该做一些小小的改变，比如将传统的开关门换成滑动式的推拉门。

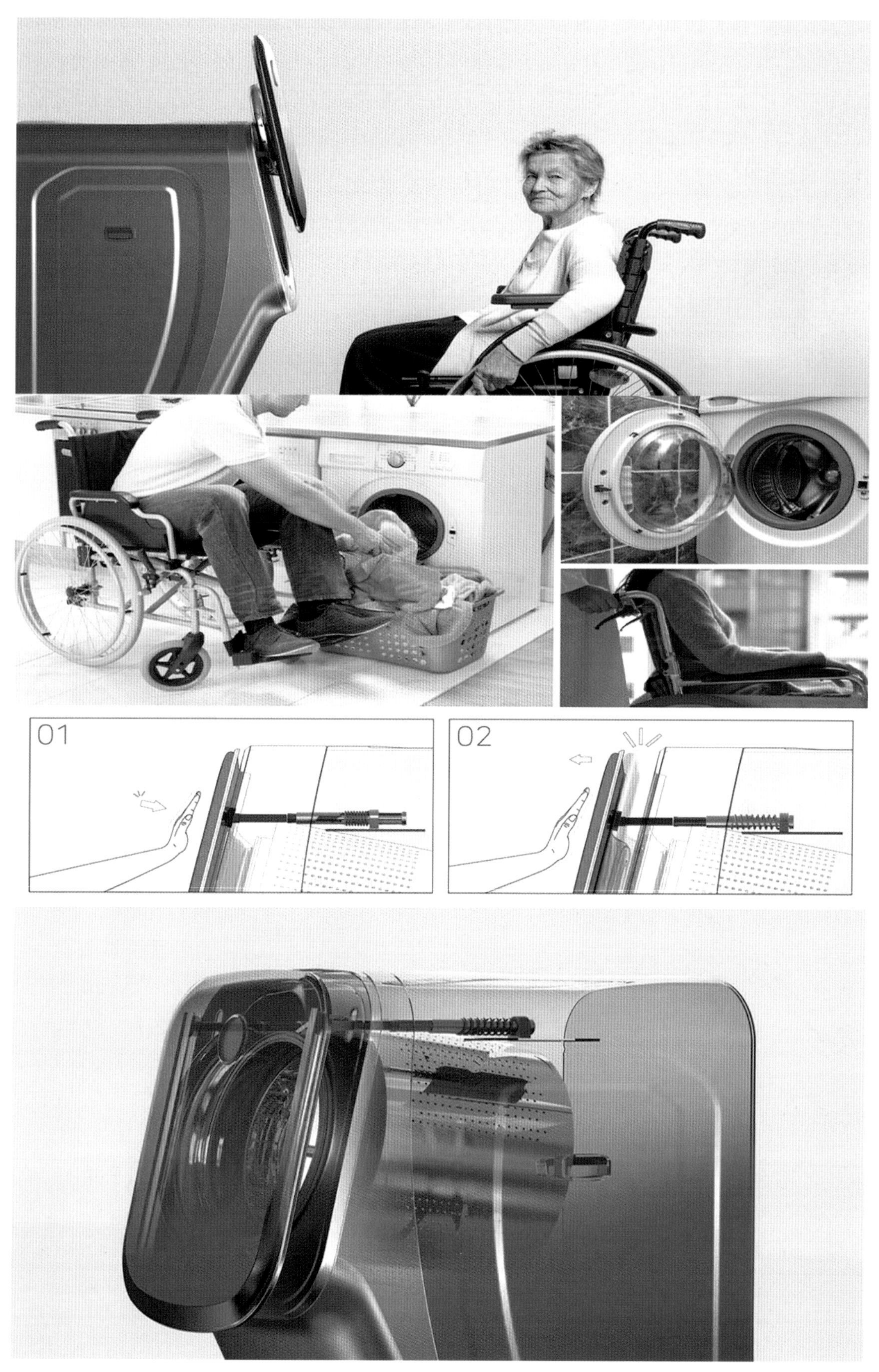

图 7.6 “Slip Wash” 滑盖式洗衣机

这款滑动式推拉门冰箱（图7.7）是圆柱形的，内部的储存空间很丰富，并经过合理精细的划分，冰箱门是滑动式的推拉门，牛奶、果汁、蔬菜等都有对应的存储空间。这不仅方便普通人使用，也方便一些残障人士使用。

图7.7 滑动式推拉门冰箱

由以上案例可见，利用通识设计的方式进行整合与创新，可有效地改善设施的服务功能与适用范围，提升设计师对人性关怀等问题的关注与价值发掘。随着人们生活水平的不断提高和社会文明的不断进步，通识设计的创新也不断融入日常的生活。传统淋浴花洒的高度只符合一般成年人的身高，而儿童和轮椅使用者等特殊群体，由于身高的限制有时需要在别人的帮助下才能使用。设计师卫小七针对这些问题寻求解决方案，设计出一款通用淋浴花洒。它主要由一个固定在墙体上的带有滑道的长杆基座和一个圆柱形喷头组成，从图7.8中可知，柱状的喷头既可以上下滑动调节高度，又可以通过旋转调节出水的角度。洗澡后关闭花洒，喷头会自动回到最低点，以便下次使用。它自由调节的灵活使用方式，可以让人方便地清洁身体的各个部位，更主要的是还可以根据使用者的身高自由调节高度。

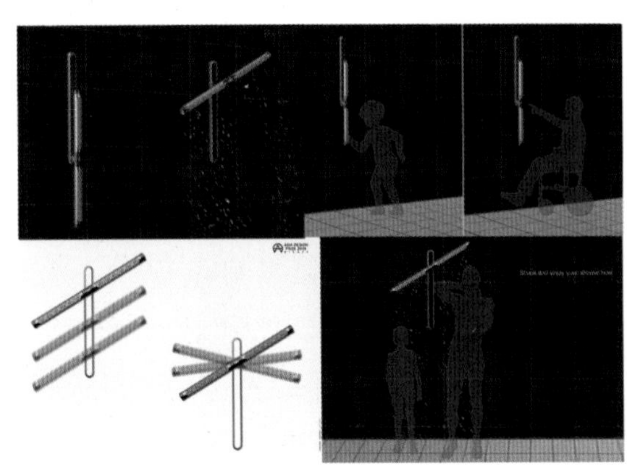

图7.8 通用淋浴花洒

通用性与便捷性在医疗体系内显得尤为重要，体现了对广大患者的关怀。通识设计活动与医疗康复行为在目标上达成共识——尽可能为病患提供无差别的优质服务，展现了我们对生命的珍爱与尊重。医疗设备可以利用设计创新的方式实现功能品质的革新与提升，如设计师G.P.Singh Shekhawat和Bhavin R. Dabhi设计的顶点乳房X光摄影机（图7.9）是一种特殊类型的成像检测设备，利用低剂量X射线系统检查乳房。该产品的特点在于采用了可升降调节的基座，可根据被检测者身高将检测端口的高度灵活地调整到预定的范围内，实现了对不同类型患者检测的通用

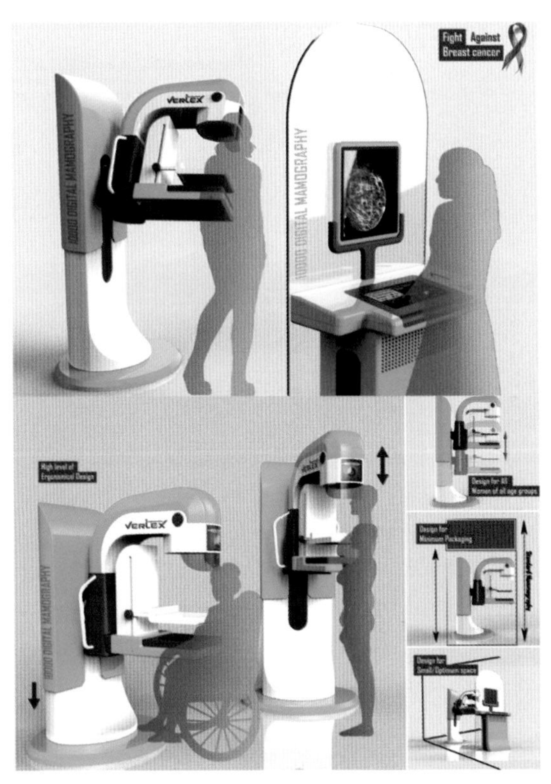

图7.9 顶点乳房X光摄影机

功能。该产品专为女性患者设计，既有利于康复心理的色彩装饰，也有简洁时尚的形式感，目的在于给女性患者一种健康活泼的视觉感受。

“Q5”轮椅（图 7.10）是由 Massimiliano Englaro 设计，提供了轮椅便捷性出行的解决方案，当轮椅使用者面对楼梯、坑洼的泥土道路或其他不平坦的路面时，他们只需要切换使用模式，即可越过这些障碍。这是一种功能化革新与实验，目标是让使用者突破道路因素和传统轮椅的限制，实现平等的通行权利，以此增强用户的独立性和自信心。它不仅以友好的外观设计体现未来主义的美感，而且打破了传统轮椅给人的过于机械化的、生硬的、冰冷的身心感受。

7.3.2　软件尺度

产品的结构特点和功能尺寸以通识设计的方式满足人们的肢体机能硬性的尺度要求之后，设计师还应该考虑产品、设施与人之间的信息通畅性，这就为通识设计提出了软件尺度的要求。随着公共设施类产品发展不断融入数字化与信息化的功能需求，产品的使用功能也出现“黑盒化”，即产品的形态与其使用功能的内在联系逐渐减弱，产品信息界面服务方式在不断趋同，而无论多么先进的设施，如果不能实现和使用者更好的沟通与交流，就无法发挥其应有的效应。因此，我们需要通过心理学、生理学等方法，对人在使用产品及设施时对信息获取的生理机能水平加以测量。我们把这种生理机能水平称为软件尺度。

软件尺度体现使用者通过视觉、听觉、触觉和嗅觉等，实现便捷有效地获取产品及设施传达的信息。对软件尺度的评估，改变了单纯依靠直觉和感觉设计的弊端，为公共设施降低操作难度问题发生的概率提供了理性依据。例如，对于感官与功能性障碍的使用者，信息传达的感官路径需要有多种可变的并行选择方式；对于视障人士，通过触觉和听觉获取信息尤为重要。另外，设备设施提供服务信息的操作及内容，其条理性和复杂程度也需要为思维相对迟钝和行动迟缓的老年人提供更加简洁的、有容错机制的备用信息架构模式。

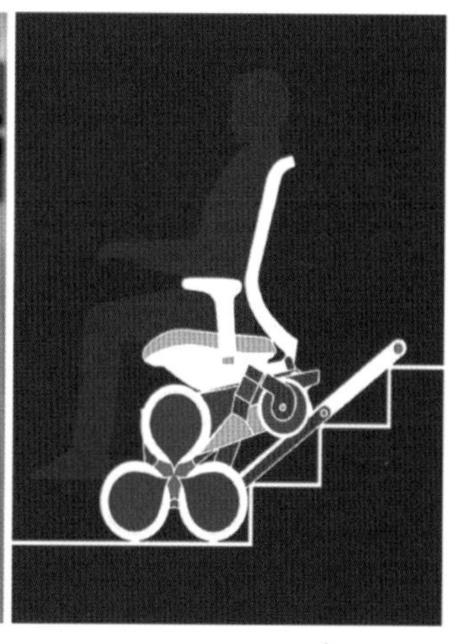

图 7.10　“Q5”轮椅

目前，公共交通系统的服务正利用交互设计以智能化的方式提升服务效率，而公共设施设计也在利用软件尺度的评价机制，实现设备设施传达信息的通识性。例如，德国汉堡火车站的自动售票机（图 7.11）的核心元素是 32 英寸触摸屏。它满足了不同用户触碰高度的差异需求，在便捷视觉识别问题上提供了简便而且行之有效的解决方式。为了确保舒适的人机交互过程，它采用了像智能手机一样的操作方式，给用户熟悉的操作体验。它可以综合客户所需的相关信息，同步显示在触摸屏上，使人机交互不再是逻辑严密的线性顺序，而是更便于同步化操作的简便模式。此外，它还具有直观的地图导航、目的地跟踪与路线计算等功能。

图 7.11　德国汉堡火车站的自动售票机

交流过程中面部表情的微妙变化，成为人类传达内心信息的重要途径。对于有听力障碍和语言障碍的人来说，学会通过面部表情变化和手势语言来与人沟通非常重要。然而，在特殊环境中需要戴防护口罩，给这种面部表情与动作表达和沟通带来困难。这就提出了面部可视口罩的设计需求，Clear Mask 首席执行官 Aaron Hsu 表示：“有听力障碍者始终无法看到戴口罩的人的面部表情。”他补充说：“新冠肺炎疫情的流行使人们有意识和明确地感觉到，看到某人的脸是如此重要。”利用公共卫生和政策领域的背景，Aaron Hsu 和 Dittmar 共同创立了该公司，并设计可视化的透明口罩（图 7.12），佩戴这种口罩也可以遮挡与防护的作用。该方案仍在不断的革新与完善中，解决了面部哈气与结霜的问题，对空气的有效过滤符合医用标准等问题，需要在新材料研究和工艺方面得到突破。

目前，瑞士洛桑联邦理工学院和瑞士联邦材料科学与技术实验室的研究人员正在研发生产透明口罩的特殊材料，相信不久的将来就能透过口罩看到人们微笑的面容了。研究人员将他们发明的材料命名为“Hello Masks”，这是一种使用以有机物质为基础材料制成的超薄面罩材料（图 7.13）。它们不仅透气，而且还可以回收利用和生物降解。研究团队还使用了静电纺丝的工艺，实现用电荷来制造超细的丝线，并正在完善这种材料对病毒和细菌的过滤功能。

以触觉的方式进行信息采集，对视觉障碍的人来说是一种行之有效的便捷方式。例如，通用性视障人士电话实现了触觉与视觉互换的功能，在新材料运用方面实现了使用方式的灵活转变。由设计师朴善根设计的这款通用视障人士电话（图 7.14），可以激活几种不同的交互模式，有文本、盲文数字，以及普通的屏显字母和数字信息等。它可以发送和接收电话和文本，在普通电话屏幕上以盲文的形式显示文本。实现这一功能，是在电话的面板上覆盖一层具有电子活性的材料，这种材料在微电子激发调控下可形成表面凸起与可逆的平整恢复，通过程序的控制在电话屏幕上灵活地创建盲文，方便了视障人士使用。这款电话的多功能切换，实现了视障人士和普通人的通用性。

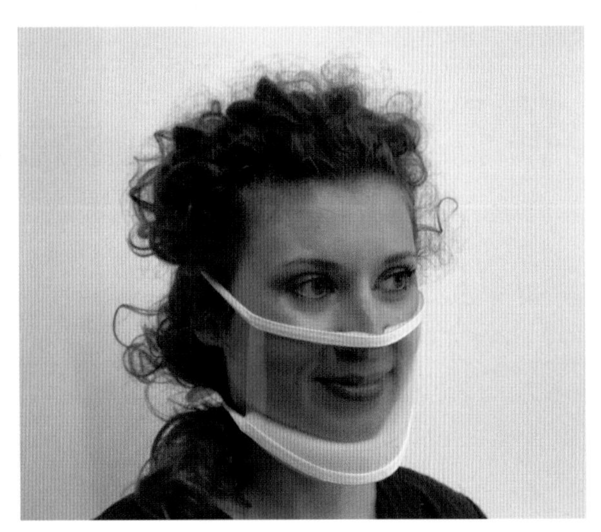

图 7.12　可视化的透明口罩

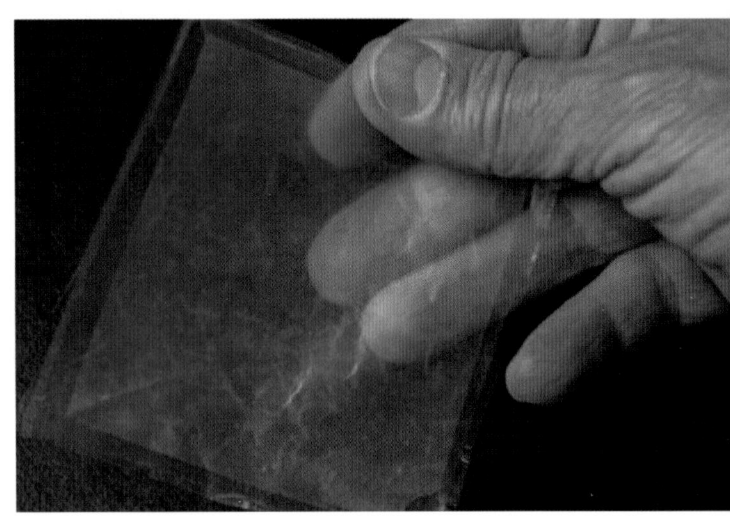

图 7.13　超薄面罩材料

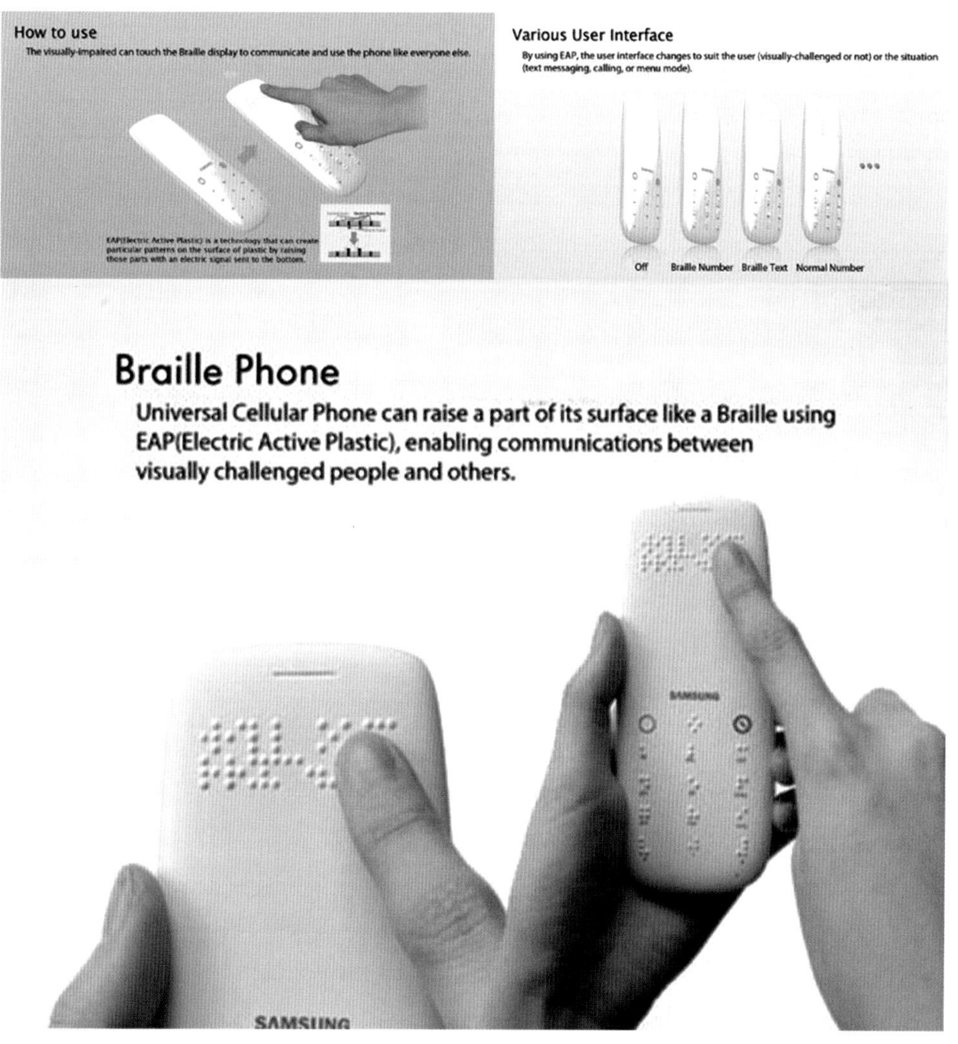

图 7.14　触觉与视觉互换的通用性视障人士电话

图 7.15 是设计师 Hyeon Park 专为视障人士设计的无障碍多功能厨房集成灶，以保证烹饪安全。这款多功能集成灶采用微曲线几何化造型语言，将短曲线与长弧线完美结合。它的旋钮分成光滑和凸起两种类型，以便用户轻松区分火力开关与计时器。它的支架内置传感器可根据厨具的大小自动调节与固定，从而避免了因厨具倾翻而造成的对用户的伤害。

利用信息技术的革新，公共设施可以实现多功能复合，比如常态下普通功能与非常态下突发事件的预警、救援等功能，形成交互界面的信息转换等，可广泛发掘公共设施的潜在价值，更好地为人们提供通用性的服务。例如，某研究机构将交通标志的功能与城市应急设施相结合，针对海啸多发地区设计了海啸生存指示牌。这种指示牌在正常情况下是一般的交通标志，当“Right Way”收到海啸警告时，指标牌就会立即切换到疏散标志，实现了功能的整合。它还可以提供正确的道路指示，引导人们前往避难所，解决危机到来时人们慌乱和漫无目的逃离的问题，确保他们的生命安全，并减轻了他们面对海啸时恐惧和焦虑的心理。指示牌还可以通过简洁的信息显示提供时间预警，方便人们了解海啸发展的最新状况，及时做出合理的决定。“Right Way”海啸生存指示牌如图 7.16 所示。

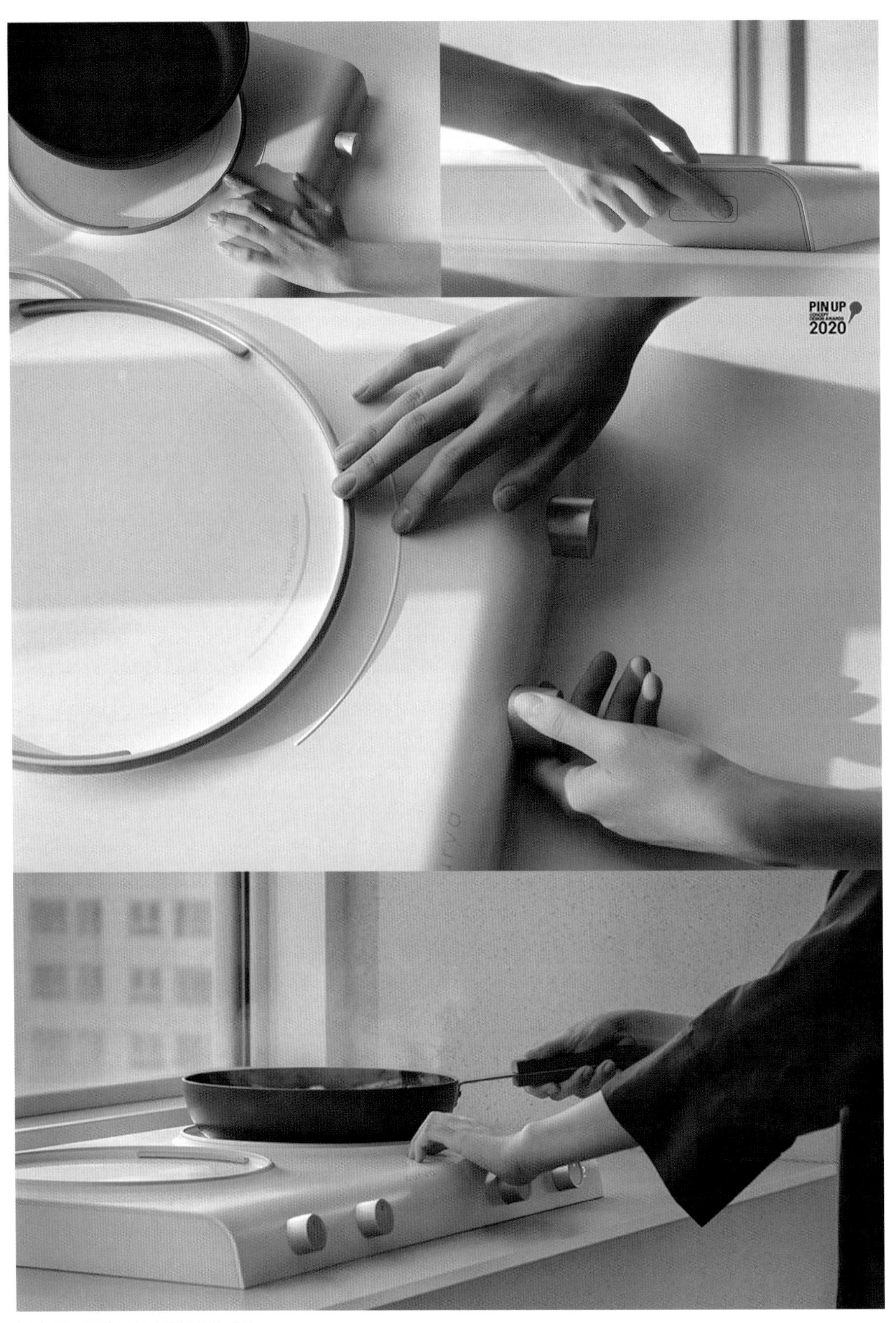

图 7.15　无障碍多功能厨房集成灶

图 7.16 “Right Way”海啸生存指示牌

7.3.3 习惯尺度

习惯主要指人经过长期日积月累而养成的行为方式，也可延伸到人们行为背后的观念与价值判断。习惯受到风俗、习俗及社会道德等因素的影响。日常生活中，习惯性的行为往往是人用于平衡内心潜在需求的方法，也是一种自我调节的途径。人们在公共场所会直觉地感受到环境的舒适性或者存在的问题，通过自身主动的行为改善与环境或他人之间的关系。这些由本能反应、经验和心理情感所产生的习惯性行为，都直观地反映了人们内心深处的需求与目的。基于习惯尺度的设计，使公共设施能够满足更多人在日常习惯和经验中所表达的心理和情感诉求，形成行为上的合理与适应，并赋予其对人性内在关怀的设计情感。

目前，对母婴关怀的公共设施仍需要不断地完善，虽然很多公共场所设立了确保私密性的“母乳哺育室”，但无形增加了场所的空间使用压力。布拉格咨询公司“52Hours”的设计策略总监Ivana Preiss和她的合作伙伴Filip Vasic及经验丰富的工业设计师Nikola Knezevic通力合作，共同研发设计了一种可提供母婴关怀的公共座椅（图7.17）。它通过简洁的方式完善了座椅的形态设计，实现了很好的私密性。这款座椅上可旋转的壳体结构结合长凳的设计，让母亲可以在公共场所有选择性地避开视线，舒适地进行母乳喂养。

公共场所中停留的休闲时段，是保持个人的独处，还是主动与身边的陌生人聊聊天，这通常与个人的习惯有关。在过去没有手机的时代，人们去公园坐在长椅上，或在售卖亭排队时会自然而然地与他人交流。智能手机普及以来，人们的行为发生了鲜明的变化，科技的出现改变了人们的生活习惯，人们随时携带智能手机，注意力越来越多地被网络所吸引，而与身边人的交流越来越少，戒备与防范心理也在增强，即使在公共场所也希望拥有自己的私人空间。这种趋势不仅引起了社会学家的担忧，潜移默化地让人们在生活中习惯性地对身边的人或事物渐渐趋于冷漠的态度。

如何在公共场所综合考虑人们开放性与私密性的诉求，使人们尤其是年轻人，能有更多精力参与社会交往，改善陌生人之间的防范心理和隔阂，这就为设计师提出了新的挑战。Shoeb Khan的公共座椅设计在这方面做了初步的探索，该设计包括两个单独的座椅与工作台，形成一体化的模块，并以镜像的方式组合摆放。座椅由混凝土制成，具有简洁的形式感，不仅降低了制作成本，而且适宜户外环境使用。这款公共座椅的使用方式给人们营造了灵活的选择性，两个人保持一定独立的方式错开落座，形成了一个不受视线干扰的个人工作与独处环境，如图7.18所示。为了满足相互交流的需要，这款椅子也有多种坐姿选择，可以将身后的长凳高起的工作台面当作靠背，轻松地与身边的人进行攀谈，或者直接将一组椅子当作躺椅来使用，所以这款看似简单的座椅设计实际上具有多种使用方式。而且，简洁的造型和结构也适合使多种材料来替代加工，例如可以用塑料、木材或者金属来制作，适用于室内外不同的公共空间。

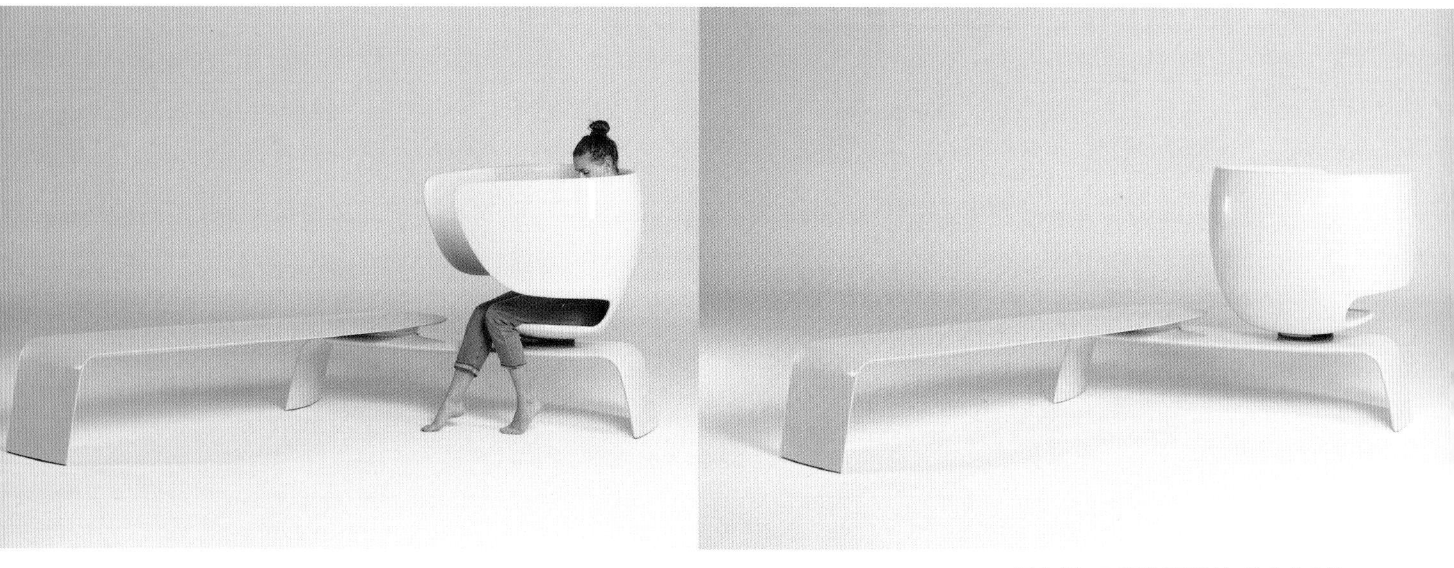

图7.17　可提供母婴关怀的公共座椅

图7.18　混凝土公园座椅

7.4 通识设计视野下的公共设施创新设计

通识设计的思维为公共设施创新拓展了更广泛的设计思路。通过本章前文内容的分析可知，通识设计与无障碍设计是有明显区别的。无障碍设计是针对残障人士等在设施使用过程中的行为便捷性考虑的，体现社会对弱势群体的关照与服务；而通识设计本身包含无障碍设计对弱势群体的功能考虑，也包含对正常使用者在内的所有用户构建通用性的目标。在公共设施中，广义的通识设计与通用设计之间也存在差异性，我们在此打开思维的局限，可将通识设计理解为使用者与产品设施及其身处环境之间的功能、目标乃至深层价值的互通与共识性，进行整合与创新，它与通用设计相比有着更广泛的设计诉求。

公共设施身处环境不仅仅指公共设施所处自然与人工的环境条件，还包含其他物质因素、文化因素，以及除使用者之外公共设施影响范围之内的其他参与者等。通识设计创意具有整合性，需要设计师将影响公共设施功能完善而涉及的诸多因素进行统筹性研究，这样创新的适用性才具有持久意义。所以，通识设计思维可以开启公共设施更广泛的创新维度，以下通过几个案例的简要分析，进一步启发我们通识设计思维的创新驱动作用。

为了减少私家车给城市带来的拥堵，以及实现低碳的生活方式，无论从政策引导还是城市建设方面，都鼓励人们搭乘公共交通工具

出行。然而，大量实地考察与研究表明，人们乘坐公交车的过程和在公交车站等候乘车的体验都是不愉快的，特别是在冬季寒冷的地区，扑面而来的寒风加剧了等车时的痛苦感受。人们在一整天工作之余，也希望离开密闭的办公室呼吸到新鲜空气，在公交车站能满足这一需求，可与此同时却要随时左右张望以获得自己所乘公交车的到站信息。该如何提升公交车站的环境呢？以通识设计进行多因素的整合与创新是必不可少的。

图 7.19 所示是位于瑞典大学城的实验公共汽车站项目“Station of Being”公交车站，这座新颖的公交车站形式简洁明了，对使用者、场地环境、运行管理等多方位的需求因素进行综合考量，体现了公共设施设计的实验性探索与突破创新。公交车站的顶棚设置了智能感应的声光设备，当公共汽车快要进站时会发出亮光与声响提示，而且每条公共汽车路线都有专属的音乐，即使有视觉障碍或听觉障碍的人都能通过这种方式接收到信息，让人们不用时刻关注公共汽车的进站情况，在候车的同时，充分享受轻松自在的舒适时光。

这种公交车站的设计亮点是顶棚垂下的一个个木质的吊舱，它们取代了普通候车座椅，像巨大的荚果壳一样让人的身体呈半包裹的依靠，可自然放松地依立着休息。这些吊舱能自由转动，方便使用者根据风向调整转向，达到挡风保暖的功能。人们也可依据自己对私密性与开放性的行为诉求，灵活地选择自己的转向，而且这款吊舱设计使候车空间更加活泼、有趣、充满未知的期待。冬季的户外座位常有积雪，而直立式吊舱不但不会被积雪覆盖，底部悬空的形式更利于清扫，扫

图 7.19　瑞典“Station of Being”公交车站

雪车也能直接开进站内扫除路面的积雪。这种公交车站的建造及运行成本与传统公交车站差别不大，主要装饰材料是常用的混凝土和木材，体现了较好的经济性。

同样是依靠站立的姿态，却因为出发点和所处的环境不同，给人以不一样的直观感受。在人数众多的广场或景区，总会遇到公共休息的座椅被长时间占据，而无法满足为更多使用者提供临时休息的需求。公共设施的功能与使用者和其他潜在服务对象之间存在一定的矛盾，设计师给出了很多解决方案，在功能与服务目标之间进行调整。由托马斯设计的广场公共座椅（图 7.20），改变了我们对临时休息方式的理解，游客临时依靠的站姿在一定程度上缓解了人们的疲惫感，但如果想长时间倚靠在上面也需要付出一定的体力，而且想要在传统长椅上完全放松甚至是入睡的要求被此设计完全破除了，所以这款椅子所提供的短暂性休息服务，也实现了服务对象的流动性，从而可以为更多的人提供休息服务。这种新颖的休息形式，使参与者成为所处环境中一道新的风景，提升了广场、景区的趣味性效果，也实现了人性关怀的内涵与价值。

通过以上案例的简要分析可知，设计师利用通识设计思维使公共设施的功能需求通过简单的形式得以改进和实现，并且达到一种形式上的创新，完成多种功能效果，实现人们更广泛的价值诉求。

图 7.20　托马斯设计的广场公共座椅

思考题

(1) 什么是通识设计理念?

(2) 通识设计理念下的公共设施设计需要注意哪些问题?

第 8 章 公共设施创新设计案例分析

本章要点

- 公共设施的概念设计案例分析。
- 公共设施的设计实践案例分析。

本章引言

本章通过对优秀公共设施设计作品的分析与点评，分享公共设施设计的创意理念和设计思想，以此激发设计师的设计灵感，开阔其设计视野，为其以后的设计实践打下良好的基础。

8.1 公共设施的概念设计案例分析

本节选取了当下非常富有创意概念的公共设施设计案例，以使学生能理性地分析如何进行公共设施的创新设计。这里选取的主要是学生的设计作品。每件作品都是设计者精心设计、教师悉心指导的结果，着力点都在于关注社会热点、解决社会问题。

8.1.1 Harbor 高层火灾救生窗

对于高层建筑来说，现有的救火设备对楼层的高度有限制，逃离火灾现场所需时间较长，因此，火灾救援始终存在隐患。为了挽救更多生命，这个设计为高层的每户人家安装了一个 Harbor 高层火灾救生窗（图 8.1）。当发生火灾时，紧急避难窗为那些无法逃离火灾现场的人们提供一个避难所。仅通过简单的几步操作，紧急避难窗就可以折叠成一个隔离区，人们进入隔离区后将其封闭，便可与室内火灾现场隔离，人们可以在隔离区内等候救援或进行自救。

图 8.1 Harbor 高层火灾救生窗（设计者：杜海滨、赵妍、胡海权、杜班、刘勃峥）

8.1.2　可移动式隔离带

隔离带在我们的日常生活中很常见。众所周知，隔离带是公共区域的临时性使用产品，很多时候，我们需要根据场地需求重置或替换它。然而，传统的隔离带过于沉重，不方便搬运或更换位置。如图 8.2 所示的可移动式隔离带设计在满足基本需求的基础上，对隔离条进行了革命性的改进。它将传统隔离带的配重板转化成一个可移动的轮子，使它可以像手推车一样推动。这种改进使得可移动的隔离带设计比普通的隔离带更容易搬运，这对于机场、电影院、音乐会、展览等需要根据每日客流量设置隔离带的室内外场地而言，是一个非常好的选择。

Moveable Isolation Strip

设计者：薛文凯 孙健 杜鹤莅 刘志鹏

Moveable Isolation Strip

Moveable Isolation Strip, which is easier in moving than the usual one, is designed for those interior and outdoor environment such as airport, cinema, concert, exhibition and so on which needs to set isolation strip by considering daily visitors flow rates.

When you are trying to move Moveable Isolation Strip, you just need to pull up the steel pillar. Therefore, balance weight plate will fall down a bit of distance between the steel pillar and because of the self-balance of weight plate, it can rotate 90 degrees. In this way, traditional weight plate can transfer into a moveable wheel, which makes Moveable Isolation Strip easily in moving.

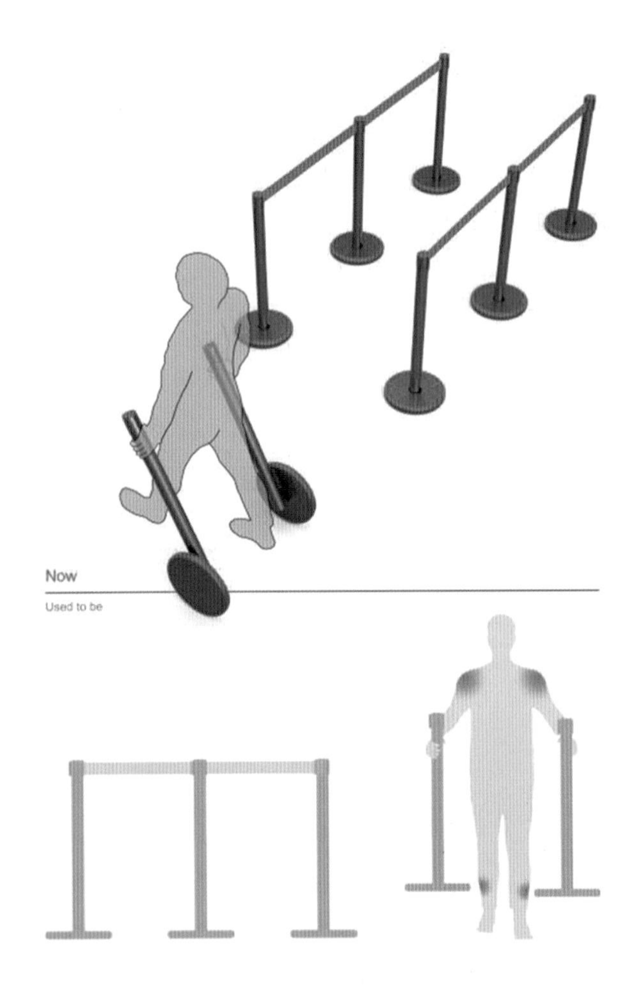
Now
Used to be

图 8.2　可移动式隔离带(设计者：薛文凯、孙健、杜鹤莅、刘志鹏)

8.1.3 便洁——城市临时厕所

便洁——城市临时厕所设计（图8.3），可以放置在城市中任何具有排污井盖的地方。其独特的造型设计省去了存储空间，尿液可以直接通过便池排入污水井，它还可以在雨天实现自我清洁。由于不需要储存排泄物，所以它的自重很轻，环卫工人可以很容易地将其抬走或移动。在一些人们需要临时厕所的地方，如建筑工地、临时聚集的广场，以及

一些无法设置公共厕所的街道，都可以使用这款产品。在安装便洁时，环卫工人首先需要将排污井的盖子拆下来，然后把便洁放在排污井顶部，接下来环卫工人可将井盖置于两个小便池背后的凹槽内。这种做法不但可使便洁在使用期间保持自身平衡，还可以避免产品在使用过程中井盖无处放置或丢失的情况发生。

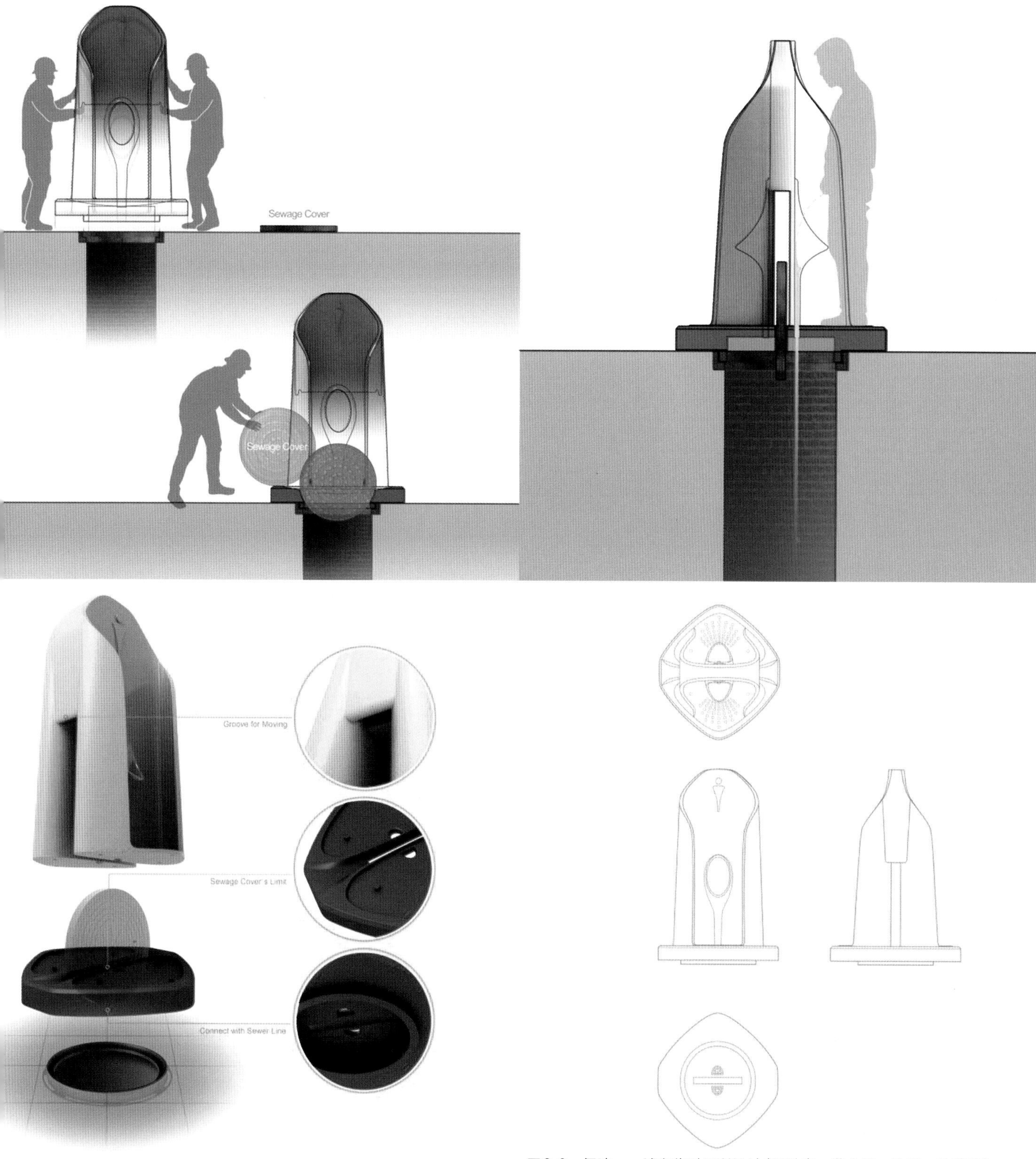

图8.3　便洁——城市临时厕所设计（设计者：薛文凯、孙健、杜鹤莅）

8.1.4 泰山路人行天桥

车水马龙的街道、鳞次栉比的居民区和都市商圈、医院、学校构成了较为复杂的现代城市环境，为了构建合理化的城市交通，打造更为安全的行驶环境，就需要在多个交通节点处设计科学合理的人行天桥。人行天桥作为城市的公共构筑物，不仅要满足基本的交通功能需求，而且要求它与整个城市的环境相辅相成，甚至作为城市景观的亮点之一，体现城市的文化内涵。泰山路人行天桥设计（图8.4）以飞机的机翼作为桥身的结构支撑造型。根据实地测量及周围环境的考察，桥的两端分别设置了无障碍自行车道。

图 8.4　泰山路人行天桥设计（设计者：陈默，指导教师：薛文凯）

8.1.5 注水路障

图 8.5 所示是一款注水路障，它主要由两片外壳、一个折叠水囊和一些滚轮组成。此设计着重考虑了路障的运输、搬运、注水速率等多种因素，在保证其强度的情况下，对路障进行了最紧凑的设计。它能够灵活运用于工程施工、现场封锁、临时围挡等多个领域。这款路障操作简便，两三人便可在短时间内铺设将近 100m 长的路障。此设计配色简洁醒目，具有良好的警示效果。

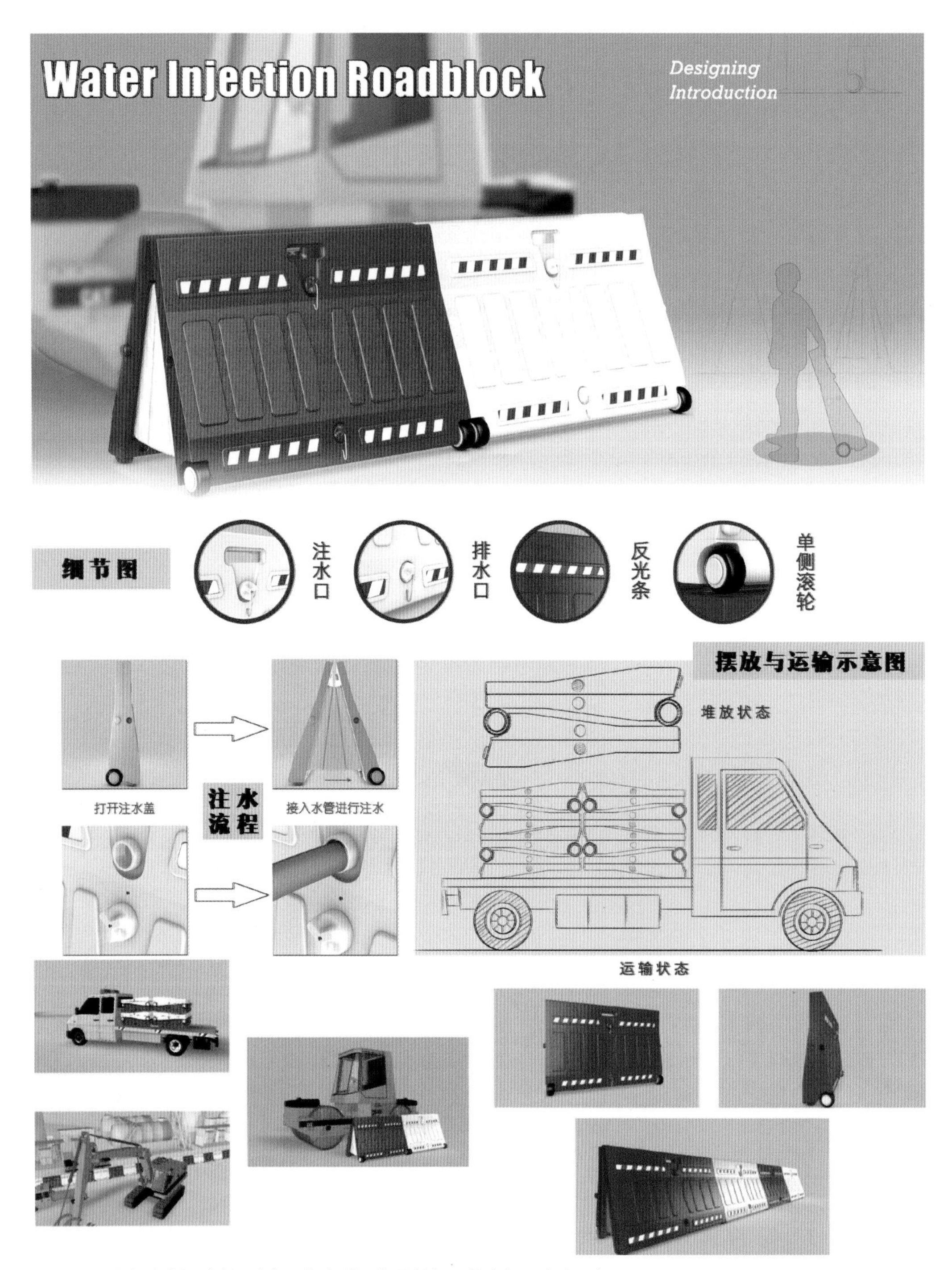

图 8.5　注水路障设计（设计者：郑嘉明，指导教师：薛文凯、李奉泽）

8.1.6 EMERGENCY SPACE救援屋

图 8.6 所示的 EMERGENCY SPACE 救援屋的设计目标是满足受灾民众的基本需求，改善地区的生活环境。EMERGENCY SPACE 救援屋的自建单元可以适应各种各样的灾难环境，具有高度的适配性。此设计的设计灵感来源于古代帐篷的搭建结构，利用零件简单的拼接方式能够快速有效地搭建出一个庇护的空间。救援屋的材料采用了轻型材质，可防止二次伤害。EMERGENCY SPACE 救援屋的自建单元适应性强，易于组合、运输、收纳及应对各种情况。这种救援屋还设计配备了风力发电装置，可以应对紧急情况和满足受灾后人们基本的生活需要。

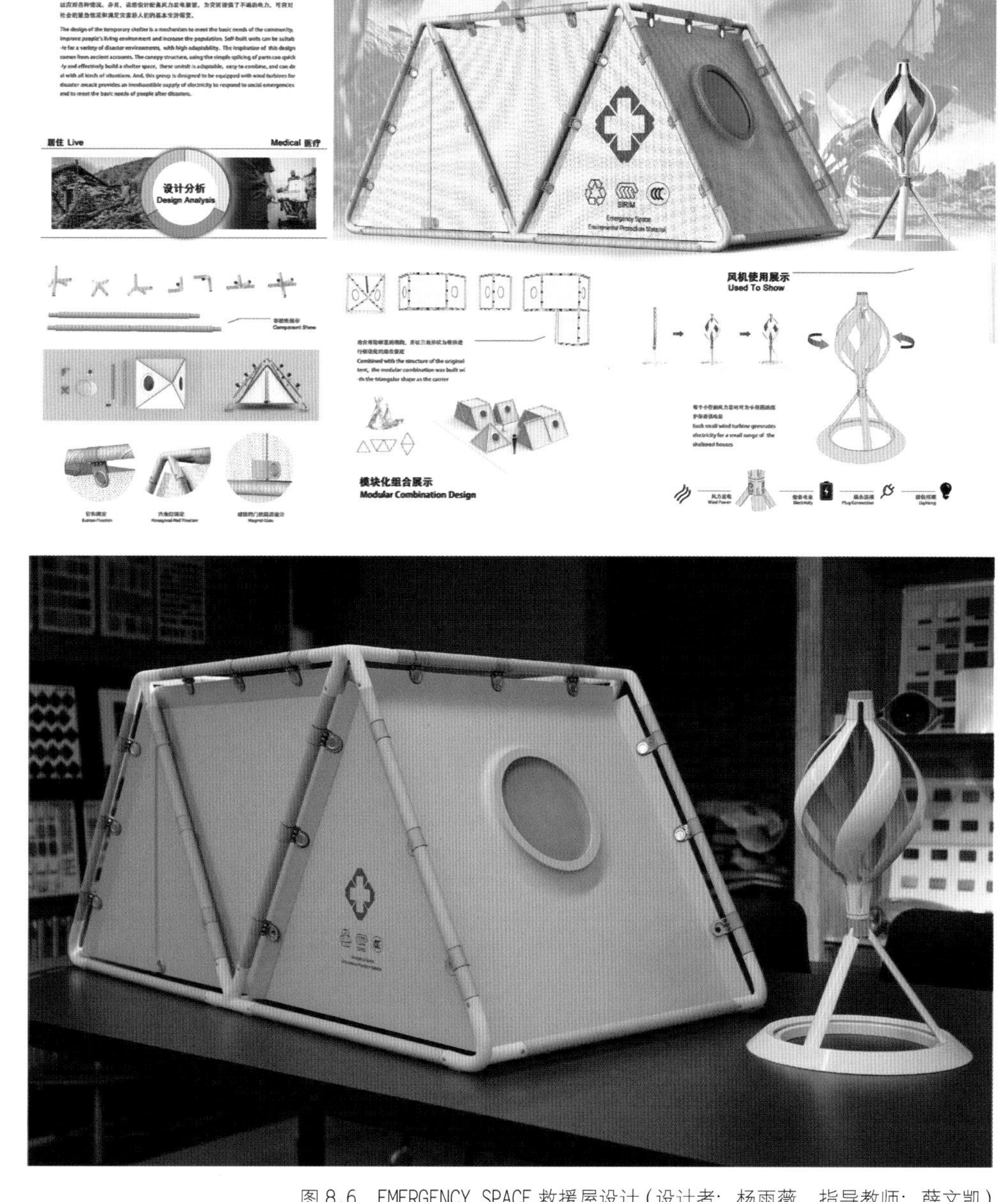

图 8.6　EMERGENCY SPACE 救援屋设计（设计者：杨雨薇，指导教师：薛文凯）

8.1.7 韵·智能公共汽车站

图 8.7 所示的韵·智能公共汽车站设计采用了中式传统的语义特征，色彩选用沉稳的中国红，极具中国特色，园林意境文化气息浓厚，适合中国智慧城市的发展趋势。该设计以人为本，尽可能地满足使用人群的遮阳、挡雨、防沙与防燥等需求；采用模块化组合方式，方案延展性强，形式多样，可适应不同的环境空间尺度；主体设有智能导航系统，可以查询到达目的地所需乘坐的公交车，方便人们出行；车站顶部的玻璃为透明太阳能板材，可以为车站的照明、Wi-Fi、USB 充电与智能屏幕等设施提供充足的电力，绿色环保，实现了能源的自给自足；除了普通照明系统之外，台阶处还设置了警戒地灯，提醒人们注意安全；站牌采用了插接结构，可以根据需求随时更换路线信息；智能语音播报按钮与站内的无障碍设施为特殊群体带来了便利，体现了人性化的设计思路。

【韵·智能公共汽车站设计】

图 8.7 韵·智能公共汽车站设计（设计者：李婷玉，指导教师：薛文凯）

8.1.8　光音·道路隔离设施

我国城市道路交通拥堵，在部分路段存在照明缺失、车灯炫目、电线交错、通行噪声等问题，改善道路交通的安全性、舒适性已迫在眉睫。

图 8.8 所示的“光音”设计就是基于对上述问题的思考，通过道路隔离设施扩大照明范围、提升照明亮度、减少噪声污染、提高通行质量，让隔离栏成为道路中央的保护伞。

光线在不平整表面会形成散射，钻石形态的切割方式能够有效反射车灯的灯光、降低车灯的炫目感，扩大照明范围、增加照明亮度，提升道路交通的安全性。

粗糙的表面吸收声音的能力较强，隔离设施表面的吸音孔能够有效吸收行车噪声，降低车辆鸣笛对行人带来的干扰，提高道路通行质量。

不同形态的立柱接口，用于提高车辆在弯道转弯的适应性，提升实际应用效率。立柱在行车一侧贴有反光标，能够更好地反射灯光，提高驾驶员的注意力。

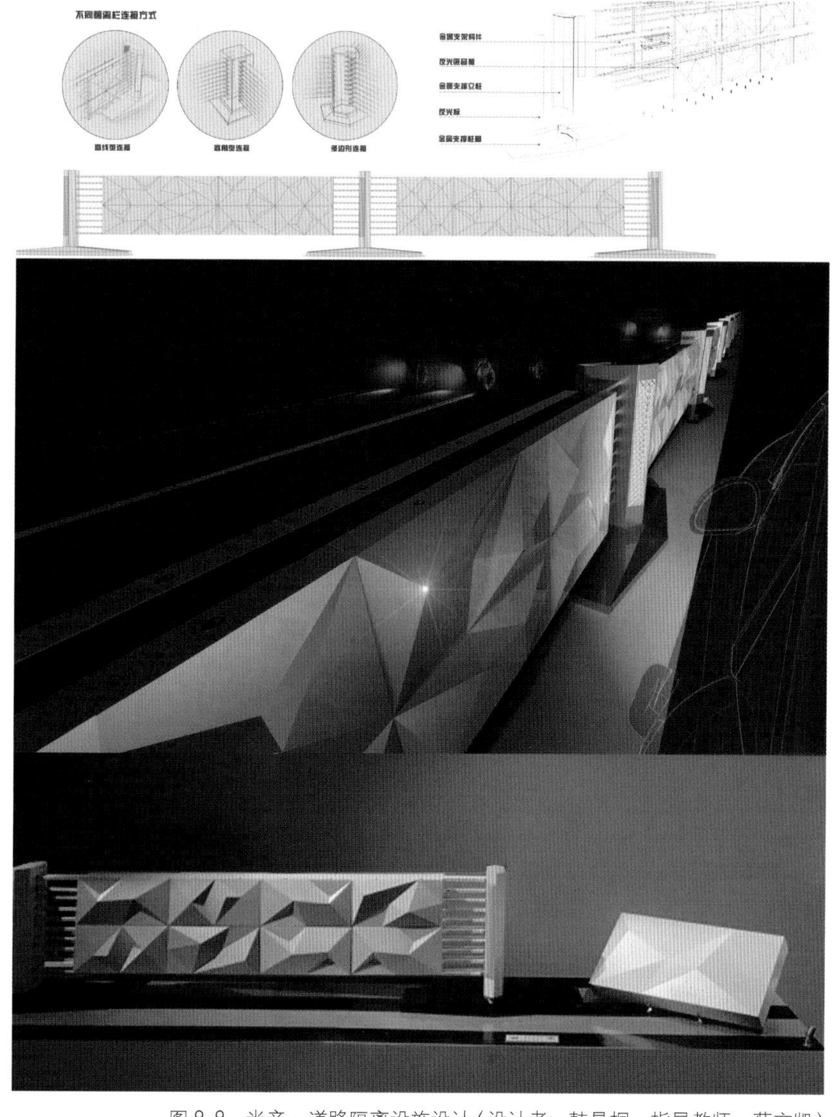

图 8.8　光音·道路隔离设施设计（设计者：韩易桐，指导教师：薛文凯）

8.2 公共设施的设计实践案例分析

本节选取的公共设施设计作品均是近年来世界上最具代表性的、已经实施的、具有广泛影响力的实践作品。案例中每款作品都关注着社会热点问题，具有典型设计特征，同时具有高度的系统性、完整性、实用性和观念性。本节编写的目的是希望读者通过这些设计实践案例，来了解当今公共设施设计发展的整体面貌。

8.2.1 X 形躺椅

2016 年 8 月，时代广场艺术联盟和设计师 J.Mayer H. 联袂打造了一款名为 “XXX TIMES SQUARE WITH LOVE”的项目 X 形躺椅(图 8.9)，是为时代广场特意打造的街道公共设施。此项目包括 3 个 X 形躺椅，每个躺椅最多可容纳 4 人同时休息。此项目最初的灵感来自时代广场百老汇和第七大道的 X 形交叉口。在此项目中，每个躺椅几乎都是水平的，人们能以一个完全不同的视角躺下来悠闲地享受时代广场的繁华街景。

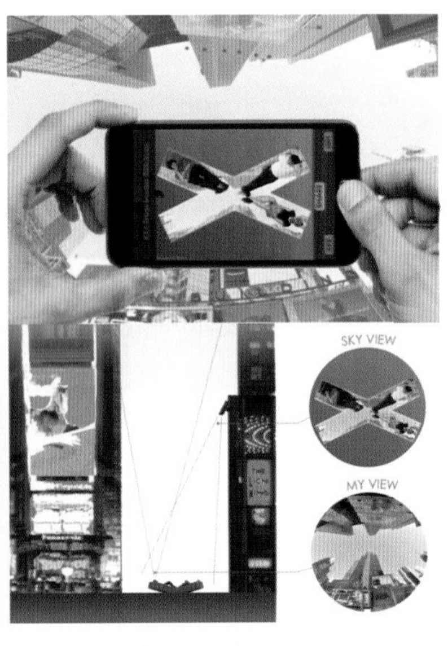

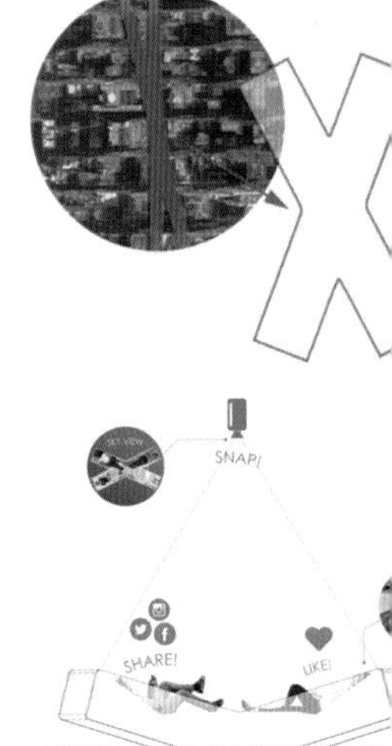

图 8.9　X 形躺椅

8.2.2 “蓝色蜈蚣”管道

图 8.10～图 8.13 所示为极富创意的“蓝色蜈蚣”管道装置，由 Numen/For Use 事务所设计，其造型看起来就像一条巨大的蓝色蜈蚣，由无数个悬挂在空中的蓝色安全网编织而成。此装置独特的悬挂方式使其支撑结构受力均匀，外观柔软透明，其内部空间可供人们爬行玩耍，当人们置身其中时，会有一种悬浮在空中的感觉。此装置体量很大且极具表现力，其上、下两部分由螺旋状结构无缝衔接，上半部分由平面的网编织而成，形成了较大的空间；下半部分则由丝袜般的管道交织而成，狭窄的管道曲曲折折，连通着出口和入口，趣味横生。

图 8.12 “蓝色蜈蚣”管道装置搭建后的效果

图 8.10 “蓝色蜈蚣”管道装置模型

图 8.11 “蓝色蜈蚣”管道装置搭建过程

图 8.13 “蓝色蜈蚣”管道装置内部结构

8.2.3 侧柏树篱

建筑事务所 SO-IL 曾负责米勒花园住宅的保护项目，该事务所通过努力将米勒花园住宅项目变成了美国印第安纳州哥伦布市的临时地标（图 8.14～图 8.16）。在米勒花园住宅项目中，侧柏树篱可谓是景观和建筑的一个标志。由萨里宁设计的米勒住宅的玻璃外围墙消除了室内外空间的边界，而郁郁葱葱的侧柏树篱则界定了街道与住宅私人空间的硬质边界。设计团队将侧柏树篱的概念延伸到本项目中，在米勒花园住宅项目中 70 岁高龄的侧柏被替换成了树龄较小的侧柏，这些替换后的侧柏成为结构支撑点隐藏在一系列彩色绳网之间，创造出一种与众不同的、更具参与感的空间，拉近了人们与侧柏树篱这个现代标志之间的距离。建筑事务所 SO-IL 与米勒花园合作，购买了 130 棵侧柏树苗，将它们种植在院子里的草坪上，结合彩色绳网，打造出了一个大型的吊床结构。展览结束后，这些侧柏将被永久地留在草坪上。超大的吊床结构由尼龙绳手工编织而成，其颜色的灵感来源于 Alexander Girard 专门为米勒住宅所设计的餐椅。展览结束后，这些尼龙绳将作为原材料被制成一系列手提包、手提袋，甚至是沙滩包等。装置的其他构件均采用现成的农业废料和建筑材料，当展览结束后这些材料也都可以被回收再利用；构成种植池和中央步道的石笼、表面覆盖物、石灰石和木桩也都会被回收，在当地的基础设施项目中进行二次利用。

本装置项目立足于环境保护和材料创新，暂时性地将当地的景观元素与特色鲜明的现代建筑结合在一起，重新创建出一个新地标，为人们提供了一种难忘的空间体验。

图 8.14 侧柏树篱吊床（一）

图 8.15 侧柏树篱吊床（二）

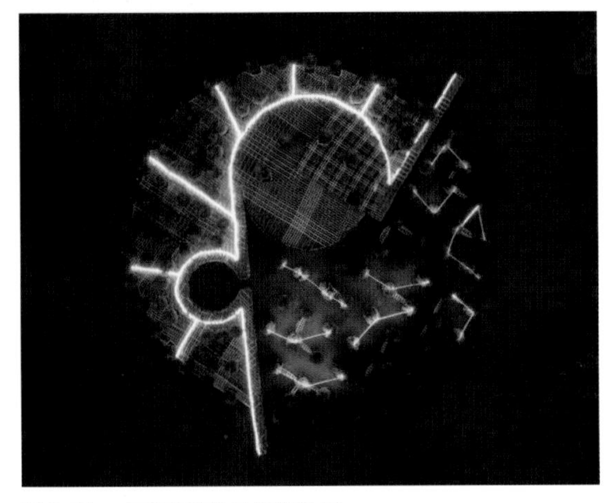

图 8.16 夜晚时装置的灯光效果

8.2.4 “生物基地营”展馆

图 8.17 所示为“生物基地营”展馆，由大型的可移动的模块化组件构成，这些跨层黏合而成的木质材料称为交叉层压木。在设计周结束之后，这些木质材料可以被重新运用到新的房屋中，作为地板使用。“生物基地营”展馆采用的层压板是在德国工厂利用德国软木材料制作的，支撑结构则来自荷兰 Boxtel 附近的高速公路旁的白杨树。这些白杨树因树龄过高且有被风吹倒的危险，所以不得不被砍伐，而这也为荷兰的景观环境做出了贡献。其实，树木本身就是一种极为便宜和高效的空气净化器，能够通过光合作用将二氧化碳转化为有机物。在树木死亡并腐烂之后，这些二氧化碳会被释放出来，而将其用于发电和制热时，则会释放更多的二氧化碳。不过，一旦我们用树木来制造建筑材料，就意味着我们可以将二氧化碳储存数十年甚至上百年的时间。荷兰目前面临着巨大的住房压力，同时，既有的房屋也需要提高自身的能源效率。建筑施工是全球二氧化碳排放量的一个重要来源，且全球约 40% 的资源被用于建造。在荷兰，每年用于基础设施、住宅和非住宅建造的原材料需求量为 2.5 亿吨。同时，建筑行业发展与监管的不完善，使材料的价格不断上涨。因此，建造行业必须实行有力的举措，才能解决巨大住房需求带来的挑战。利用木材建造有利于提高总体生产能力，预制和组装的便捷性还能够有效地提升施工速度。“生物基地营”展馆以图例和项目展示了木材作为原材料的巨大潜力和价值，证实了以树木进行建造的必要性。此外，“生物基地营”展馆还为观者呈现了荷兰文化与木材及林业之间的历史渊源。

图 8.17　“生物基地营”展馆

图 8.17 “生物基地营”展馆（续）

8.2.5　芝加哥千禧公园

芝加哥千禧公园是坐落在美国芝加哥洛普区的一座大型公园，是由后现代解构主义建筑大师弗兰克·盖里设计建造的。该公园是密歇根湖畔重要的文化娱乐中心，是全芝加哥人气较高的旅游景点。芝加哥千禧公园的一边是繁华的芝加哥市中心，包括世界第三高的西尔斯大厦等摩天大楼和闻名全球的芝加哥期货交易所；另一边则是风景秀丽的密歇根湖，不同颜色的帆船把湛蓝、平静的湖面点缀得如诗如画。芝加哥千禧公园内的巨大人工喷泉把银白色的水柱射向百米高空，颇为壮观，当水雾落下时形成的七色彩虹和摩天大楼相互衬托，形成刚柔并存的巨幅彩色画卷。置身于芝加哥千禧公园中，随处可见后现代建筑风格的印记，因此也有专业人士将这个公园视为展现“后现代建筑风格”的集中地。露天音乐厅、云门和皇冠喷泉是芝加哥千禧公园最具代表性的三大后现代建筑。图 8.18 和图 8.19 所示分别为芝加哥千禧公园的地图和露天音乐厅。

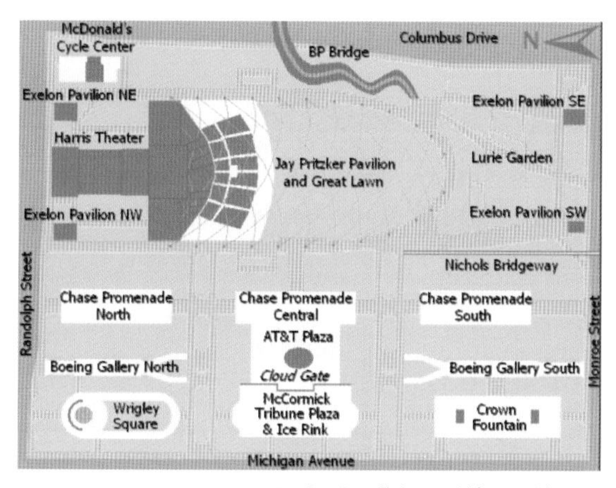

图 8.18　芝加哥千禧公园的地图

露天音乐厅（杰·普立兹音乐厅）是公园的扛鼎之作，整个建筑的顶棚犹如泛起的朵朵浪花。音乐厅是一个能容纳 7000 人的大型室外露天剧场，它由纤细交错的钢管搭建而成，营造了一个极具视觉冲击力的公共空间。此设计与芝加哥早前中规中矩的建筑风格形成了鲜明的对比，让人耳目一新。

图 8.19　芝加哥千禧公园的露天音乐厅

图 8.20 和图 8.21 所示分别为芝加哥千禧公园皇冠喷泉的工作原理图和实景图，是由西班牙艺术家詹米·皮兰萨设计的。皇冠喷泉由两座相对而建的 15m 高的显示屏幕构成。显示屏交替播放着代表芝加哥的 1000 个市民的不同笑脸，欢迎来自世界各地的游客。每隔一段时间，屏幕中的市民口中会喷出水柱，为游客带来惊喜。每逢盛夏，皇冠喷泉就会成为孩子们戏水的乐园。

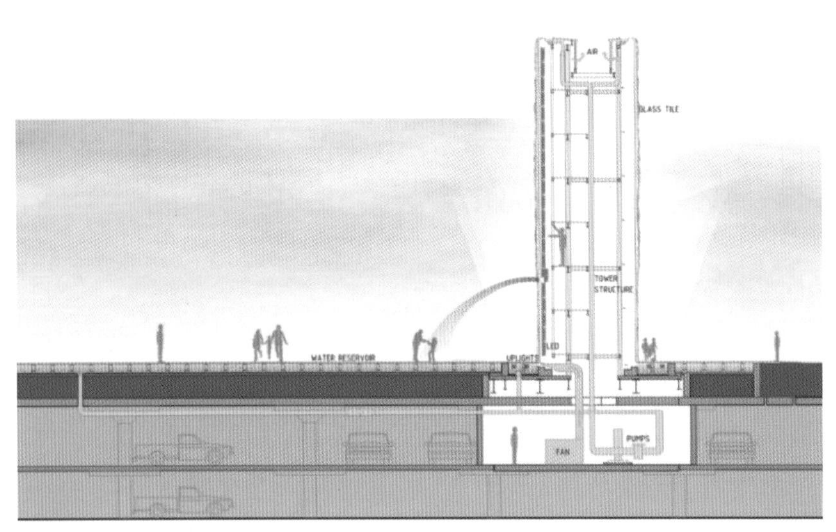

图 8.20　芝加哥千禧公园皇冠喷泉工作原理图

图 8.21　芝加哥千禧公园皇冠喷泉实景图

图 8.22 所示为芝加哥千禧公园的云门，该雕塑由英国艺术家安易斯设计，整个雕塑由不锈钢拼贴而成。云门虽然体积庞大，但外形却非常别致，宛如一颗巨大的豆子，因此也有很多当地人戏称它为“银豆”。由于云门的表面为高度抛光的不锈钢材料，所以整个雕塑看起来像一面球形的哈哈镜，在映照出芝加哥市摩天大楼和天空朵朵白云的同时，还会吸引游人驻足欣赏雕塑映出的别样的自己。

图 8.22　芝加哥千禧公园的云门

8.2.6　Rhombi 食品速递餐包

Rhombi 设计了一款新的食品速递餐包来防止派送途中食物外溢、冷食升温和骑手受伤等情况发生。在食品速递餐包内部，专门为特定食品容器设计的隔离间减少了泄漏的情况，这也意味着热的食物可以与冷的食物分开放置。Rhombi 食品速递餐包的草模制作如图 8.23 所示。

这款食品速递餐包由一层薄薄的硬热塑性塑料制成，里面填充了聚氨酯绝缘材料。上层隔间覆盖着透气的织物面板，防止如披萨饼和炸薯条这类食物变得潮湿，最大限度地保证热量不流失。餐包安装在车架上，需要时可以很容易地从自行车上取下。这对使用自己自行车来送货的人来说尤为便利。

图 8.23 Rhombi 食品速递餐包的草模制作

8.2.7 JUICEPOLE电动汽车充电桩

欧洲领先的电能供应商Enel在2018年发起了“电子移动革命”运动，准备安装数千个公共充电器为电动汽车充电。设计一个没有先例的产品，创造一个新的城市图标，这对企业来说是一个难得的机会。

充电桩的设计并没有把公路语言强加于原有的城市文化上，相反，它们使用的材料、形状和比例要更自然地融入街道。充电桩的形状是一个圆柱体，以一个简单的、人们所熟悉的形式呈现。充电桩的尺寸是微型化的，其顶部位于人们的视线下方，这种方式可减少充电桩在街道上的视觉存在感(图8.24)。

8.2.8 Skimmer救援车

图8.25所示的Skimmer救援车旨在为救援、救灾和资产管理团队提供各种形式的增强型智能援助。Skimmer救援车是一款超轻的、单人的、用电池驱动的智能车，具有大功率轮毂电机、极低的地面压力和无气轮胎。同时，Skimmer救援车的超轻结构和智能电力驱动系统，解决了在极端地形穿越的问题。它是一种适应性很强的模块化个人车辆，既可运用于可快速部署的自主组装平台，也适用于救援人员增援、伤员搬运、补给、救灾、侦察、移动通信及危险识别。Skimmer救援车使救援队能够迅速应对范围广泛的灾难，既可以从近海船舶上出发，也可以从飞机上落下，还可以提供一个平台，来跟随救援队伍运送物资或医疗设备，协助救援。

图8.24 JUICEPOLE电动汽车充电桩

图 8.25 Skimmer 救援车

8.2.9 N–9 创新型自主集装箱装卸机

目前，全球化程度和装运货物的需求量正在不断增长，货物周转时间须比以往任何时候都要快，这给航运公司和港口工人带来了很大的压力。N-9 是卡尔马环球公司的一款创新型自主集装箱装卸机（图 8.26）。它采用了从下往上而不是从上往下的堆放货物方式，大大提高了集装箱的容纳量，节省了装卸时间，提高了装卸效率。而且，它内置了自动机械扭锁系统，最多可堆叠 9 个集装箱。

N-9 创新型自主集装箱装卸机是全自动的，在必要时也可以由操作员控制。它背后的自主系统，使其能够更高效、更精确、更安全地工作。

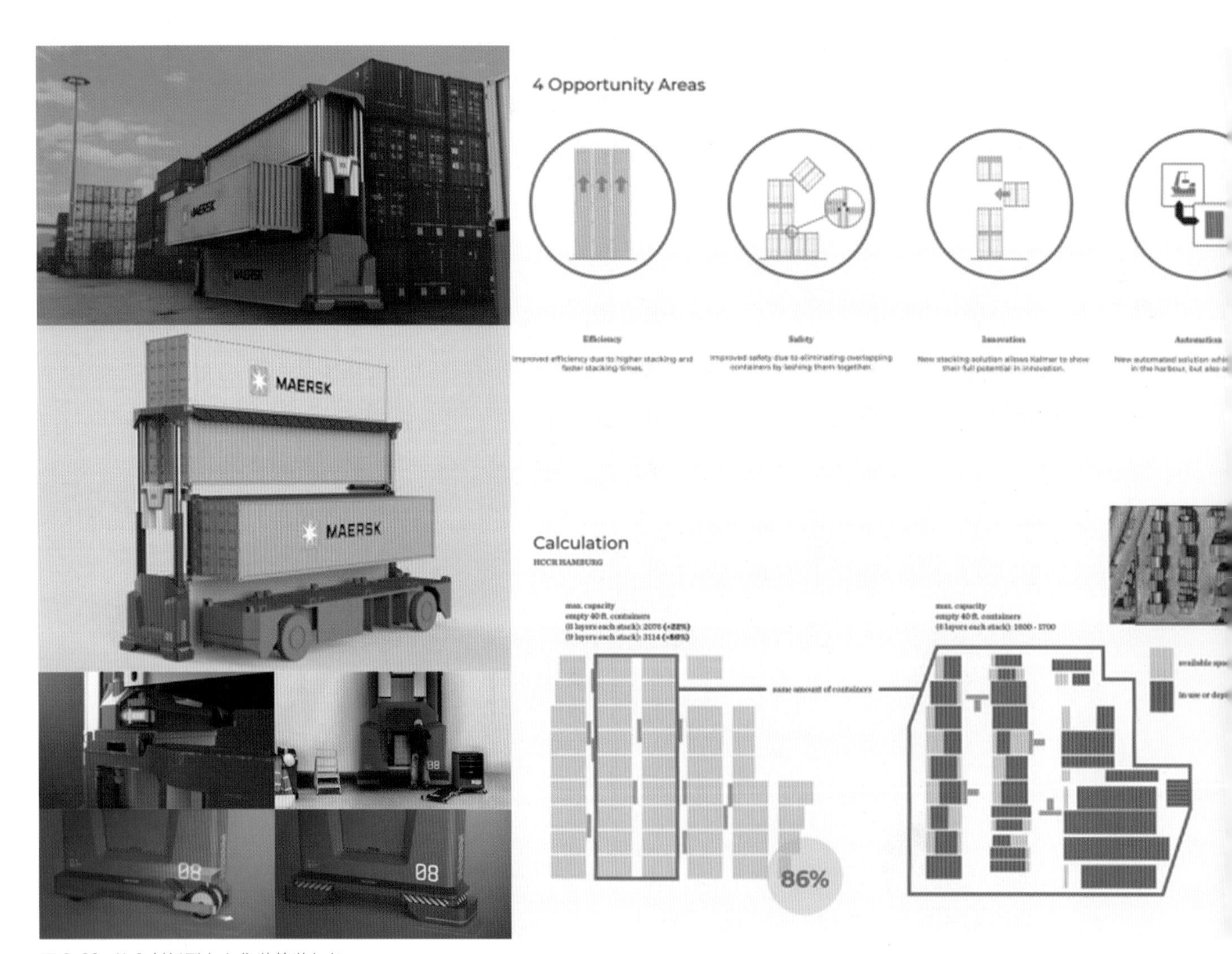

图 8.26　N-9 创新型自主集装箱装卸机

8.2.10　折纸救援!

日本是地震和海啸的高发地。地震使许多房屋倒塌，一些地方也极易发生火灾，这严重危害了人们的生命和财产安全。设计师受到日本地震和海啸的启发，设计了一款名为折纸救援！（Origami to the Rescue！）的折纸庇护所（图 8.27），其目的是为处境艰难的人们提供快速的、有效的保护。该设计采取了折纸的原理，一个人在几分钟内就可以完成搭建，由一个小矩形变换成一个安全耐用的避难所，成为一个很有效率的救灾产品。

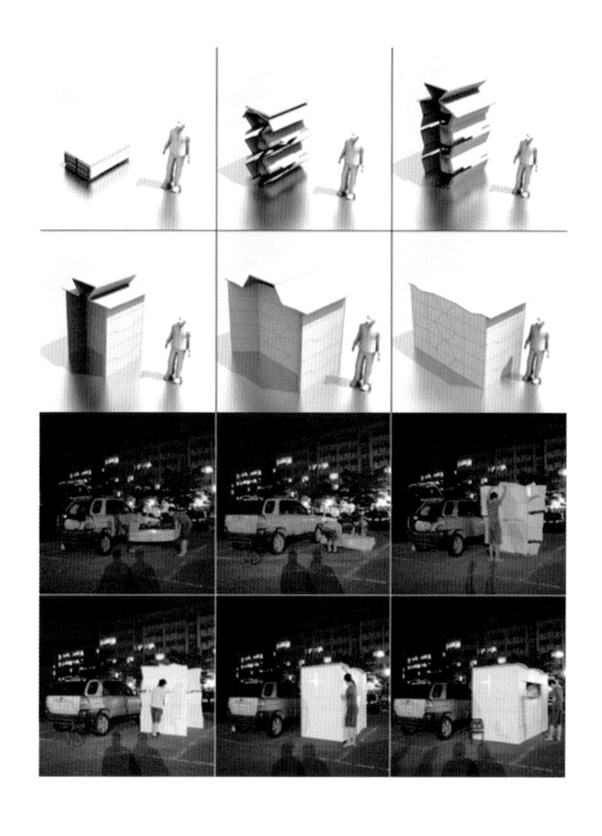

图 8.27　折纸庇护所

8.2.11 “解开的拉链”蛇形长廊

图 8.28～图 8.30 所示是“解开的拉链”蛇形长廊的设计方案，它是由丹麦设计师比雅克·英格斯带领团队完成的。该设计是由单一矩形元素层层堆叠而成的蛇形长廊，设计师使用了经过严谨计算的自由曲线，营造出独特的雕塑感。由方形盒子组成的曲面空间展现了透明与不透明之间相互转换的立面。设计师利用一个最为基本的建筑学元素——砖墙展开了这次设计。此外，利用玻璃纤维框架和移动方块的间隙，再结合起伏且颇具雕塑感的侧立面为观者创造出了溶洞般的峡谷空间。墙体会泛出微微的暖光，当观者行走其中，方块间隙的移动和重叠及长廊外面驻足走动的人们，都会给墙内观者带来一种关于光影的鲜活体验。木地板和立面的玻璃纤维材料也为其带来了线性的肌理。

就立面而言，南北向是完美的矩形，东西向则是起伏的轮廓。同时，从南北向看去，它又是完全透明且几近消失的。这也正如开始所说，它在可见与不可见之间变换，由直线转换成流畅的曲面造型，小方盒的堆叠逐渐形成了圆滑的立体空间。

图 8.28　“解开的拉链”蛇形长廊

图 8.29 “解开的拉链”蛇形长廊内部

L

l element: the brick wall.

INTERIOR SPACE

Usable space is defined by head-clearance height. The interior pavement is shaped by the curve of the walls, extending on both ends to provide a smooth transition between interior and exterior.

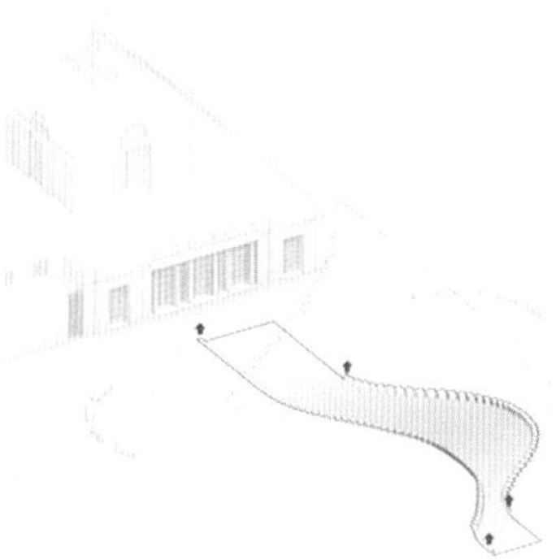

UNZIP

:heckered pattern, creating two elevations.

INTEGRATED BENCH

The edges of the path fold upwards to become a continuous bench.

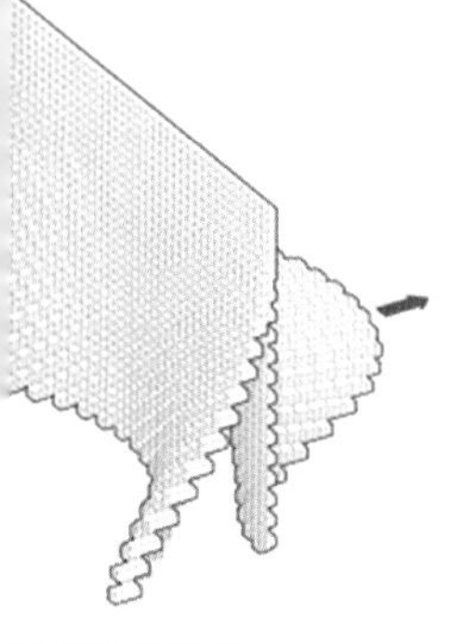

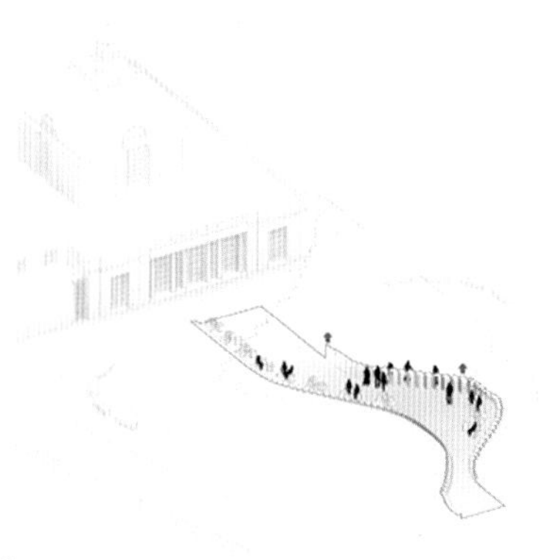

ECOMES SPACE

wo sine curves with an undulating interior.

BENCH BECOMES BAR

The bench grows upwards into a bar counter, providing space for the pavilion's cafe.

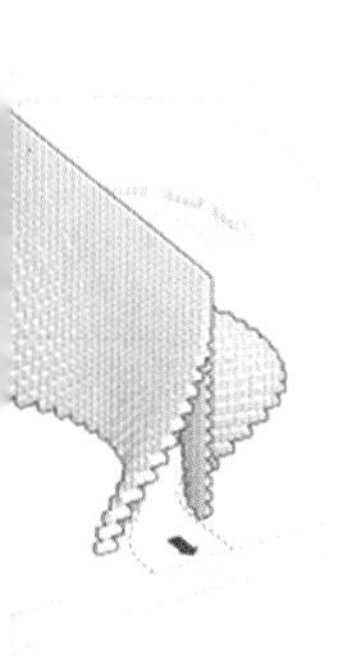

SITE

r to the gallery. At ground level, the gallery's front r are connected via the interior space.

SERPENTINE PAVILION

The resulting serpentine wall provides a sheltered, sunny valley towards the entrance and a hillside towards the park. On the interior, the unzipped wall creates a light-filled canyon.

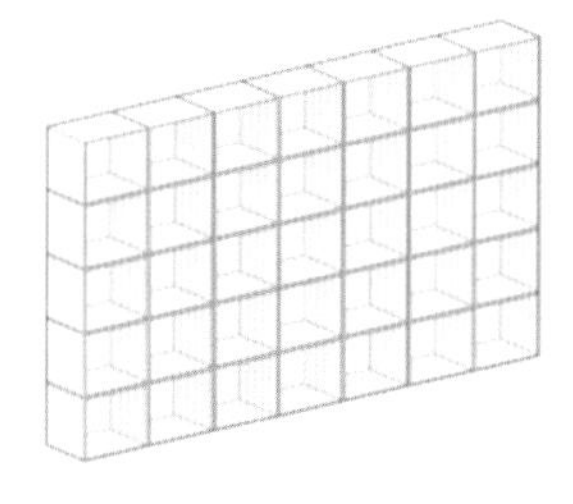

WALL STRUCTURE

Boxes and profiles are arranged in an orthogonal grid.

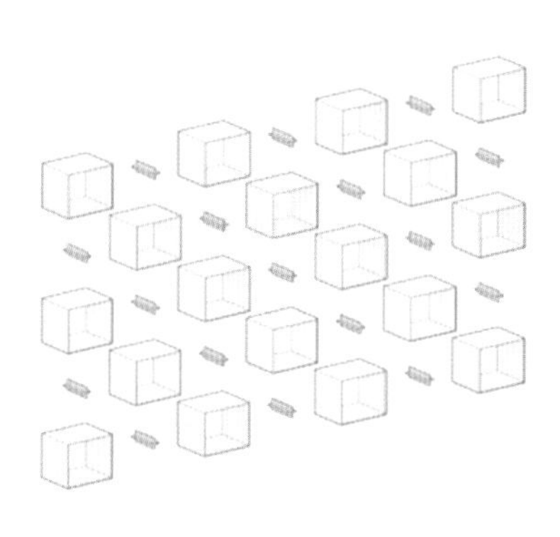

WALL COMPONENTS

The wall consists of 1,802 glass fiber boxes (400mm x 500mm) with 2,890 cruciform aluminum extrusions.

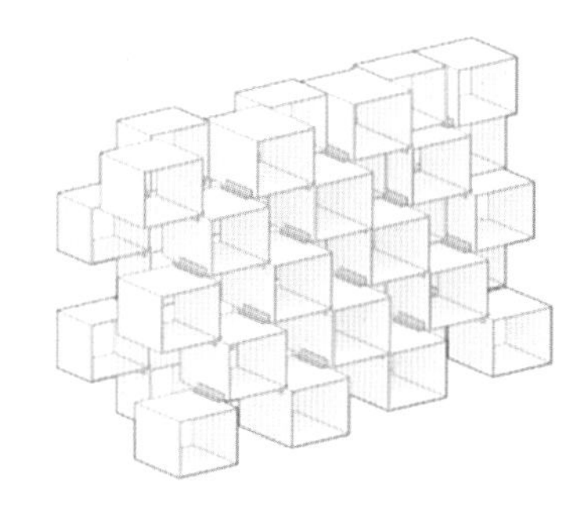

SPATIAL WALL

The boxes slide inwards and outwards in a checkerboard pattern, unfolding in two lay

图 8.30　蛇形长廊立面的形成过程与单体几何组合过程

8.2.12 耀眼的红宝石加油站

Cepsa 是西班牙的四大工业集团之一，为了提高用户体验，它邀请 Saffron 品牌顾问为他们的加油站进行策划和包装。

它的设计理念为：一是完善服务体系；二是通过使用最新的高科技材料来降低成本；三是设计具有视觉冲击的品牌形象。

Saffron 品牌顾问公司根据以上设计理念，设计了名为耀眼的红宝石加油站（图 8.31），使用了 ETFE 这种高科技材料。这种材料轻便且有自洁性，并采用模块化的结构组装方式。ETFE 具有 100% 的透明度，使加油站可以减少照明设施，从而降低运营成本。到了晚上，红色的灯光开启，加油站的造型宛如一颗耀眼的红宝石，吸引着顾客的目光。

图 8.31 耀眼的红宝石加油站

8.2.13　SILVA 移动系统

图 8.32 所示为一款名为 SILVA 的移动系统。它像一个横贯城市的水平电梯，为人们提供了全新的通勤体验和改善高密度地区运输的新方案，并且不干扰地面上其他基础设施的运行。当需要穿过其他街道时，它下方的高度足以通过人和车辆。SILVA 移动系统的另一个特点是可以通过风力产生能量，用于为植物浇水，或为街边的路灯供电。

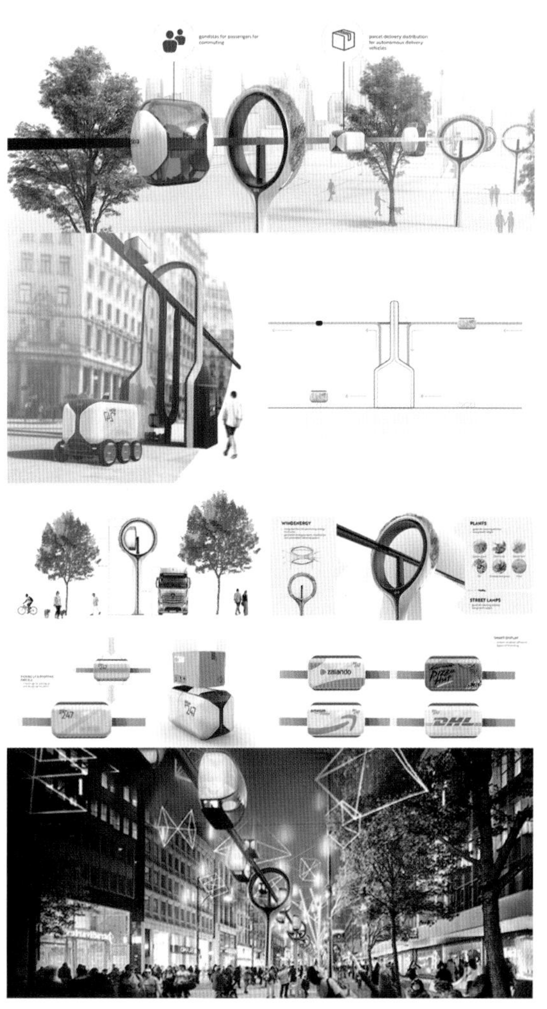

图 8.32　SILVA 移动系统

8.2.14 Eduard-Wallnöfer-Platz 广场

Eduard-Wallnöfer-Platz广场（图8.33）位于奥地利因斯布鲁克，总占地面积达9000㎡，是该市最大的公共活动场所。Eduard-Wallnöfer-Platz广场是以奥地利政治家的名字命名的，也被称为Landhausplatz（州政府广场）。

图8.33 Eduard-Wallnöfer-Platz广场

最初，Eduard-Wallnöfer-Platz广场的区域除了有4座具有特殊意义的纪念碑外，还有一个1985年修建的地下车库，广场对面还有一座建于战争时期的政府大楼。由于该广场长期缺乏合理的规划和设计，所以整体环境看起来并不是那么让人舒心。后来，建筑工作室LAAC Architects、Stiefel Kramer Architecture与艺术家Christopher Grüner合作，主要利用混凝土、玻璃和钢这3种材料对广场进行了规划和设计。改造后的广场增加了一个大型喷泉，能在炎热的夏日给人们带来一丝丝凉爽。在去往纪念碑的方向，地形多变，混凝土表面呈现出各种几何造型，有的形成树池，有的形成座位区，还有一处形成水池。同时，设计师还在广场内放置了雕塑，在整体上营造了轻松活泼的氛围。广场内，每个单元的混凝土最大面积是100㎡，相互之间留出伸缩缝，使整个广场看起来像一个巨大的混凝土雕塑。新的广场设计在保留了原广场历史的基础上，主要针对“人”的因素进行设计，将地形划分成多功能的空间和交通空间两部分，既方便人们的休闲活动，又方便了交通，使其更加人性化。

8.2.15　蜜蜂摩天大楼

据有关资料显示，蜜蜂的数量自 20 世纪 70 年代以来急剧下降，如今还在持续下降中，蜜蜂的生存前景堪忧。全球粮食供应量的 90% 以上来源于各类谷物，而世界上 70% 的谷物要依靠蜜蜂授粉，如果地球上没有蜜蜂，后果将不堪设想。

布法罗大学建筑系学生为蜜蜂建造了一座摩天大楼（图 8.34），为蜜蜂提供了一个新的蜂巢。这座 7m 高的大楼矗立在布法罗河畔废弃的谷物仓库中。蜜蜂摩天大楼外覆盖着六角形的钢板，光线可通过钢板上的三角形镂空为大楼提供光源。在大楼中，蜜蜂被安置在一个六角形的木盒里，悬挂在塔顶附近，这个木盒子还连接一个滑轮系统，这样养蜂人就可以将它安全地带回地面进行维护。蜜蜂摩天大楼是一个蜂窝状的结构，利用标准角钢和钢管设计并建造。它由穿孔不锈钢板覆盖，这些不锈钢板是参数化设计的，以保护蜂巢和内部工作的养蜂人不受风的影响，并能在冬季保暖、夏季遮阳。

图 8.34　蜜蜂摩天大楼

8.2.16 RÉSEAU 城市水管理系统

RÉSEAU 的城市水管理系统（图 8.35）是受到蒙特利尔岛上河流气候的启发而设计的。RÉSEAU 城市水管理系统由混凝土材料制成，旨在管理雨水排放。雨水受地表纹理的引导而流向收集通道，或者直接流入地下。通过在管道中增加向外喷出的水柱可以增强体验感，装置通过运动传感器或温度传感器来激活喷出的水柱，这些传感器可以在夏季帮助控制瓷砖的表面温度。冬季时，管道处于休眠状态。RÉSEAU 城市水管理系统得到了工程专家的认可，并使用了环保材料，如 UHPGC 玻璃混凝土，该材料具有独特的物理性能，最适合蒙特利尔岛的天气条件。整个系统用途广泛，可以使用多种材料和颜色组合进行安装，使其与周边植被、照明系统和水质特征等兼容。

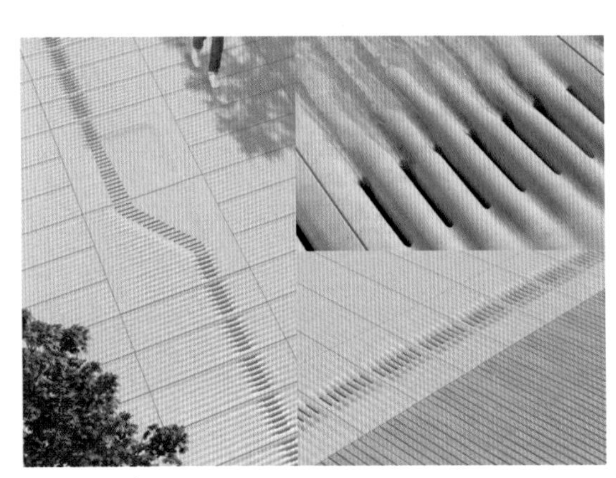

图 8.35 RÉSEAU 城市水管理系统

8.2.17 无人海藻联合收割机

波罗的海是世界上污染最为严重的海域之一，由于这里人口众多、营养物质的排放增加，加之水的流速缓慢，给当地海洋生态造成了巨大的压力。过多的营养物质会导致藻类快速生长，当前即便减少了养分的排放量，海洋中仍会存在问题，如当藻类死亡并下沉时，还会产生更多的营养物质，这种现象一般称为“内部富营养化”。由于气候变暖，这一现象在未来还会长期存在，且正在向沿海地区蔓延，沿海地区正是鱼类栖息的主要场所。

无人海藻联合收割机（图 3.36）会将藻类放入自带的脱水容器中，将水分离出来。脱水后的藻类会被储存在一个容器中，分离出来的水则被用来推动设备前进。由于该设备是自动驾驶的，节省出来的空间可以用来存储更多的藻类，所以保证了无人海藻联合收割机的重量足够轻、体积足够小。

此外，这种无人海藻联合收割机还采用了非常有科技感的设计造型，研发团队之所以要把它设计得这么前卫，是因为希望它能成为海上的一道风景，同时能带动当地旅游业的发展。

设计师把鲸鱼想象成一种设计语言，这种无人海藻联合收割机就像鲸鱼的影子一样掠过水面，在此基础上加上氢燃料技术和水泵便可以创造出一个安静的、低排放的水下无人漂浮藻类收割机，其设计草图及模型如图 8.37 所示。

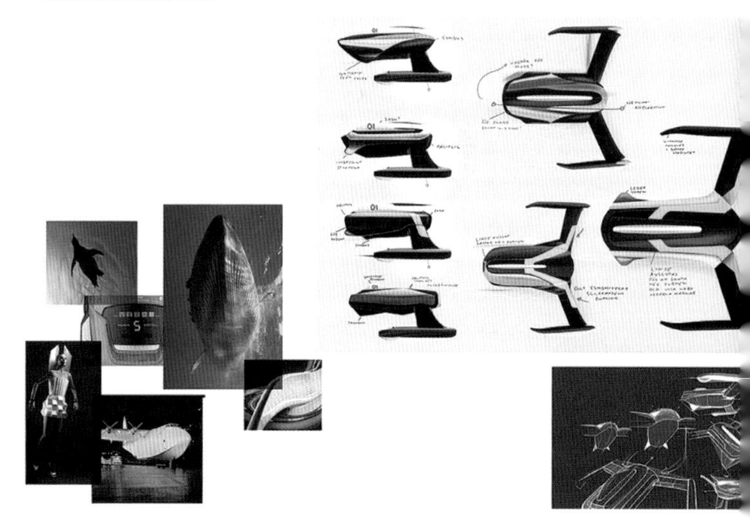

图 8.36　无人海藻联合收割机

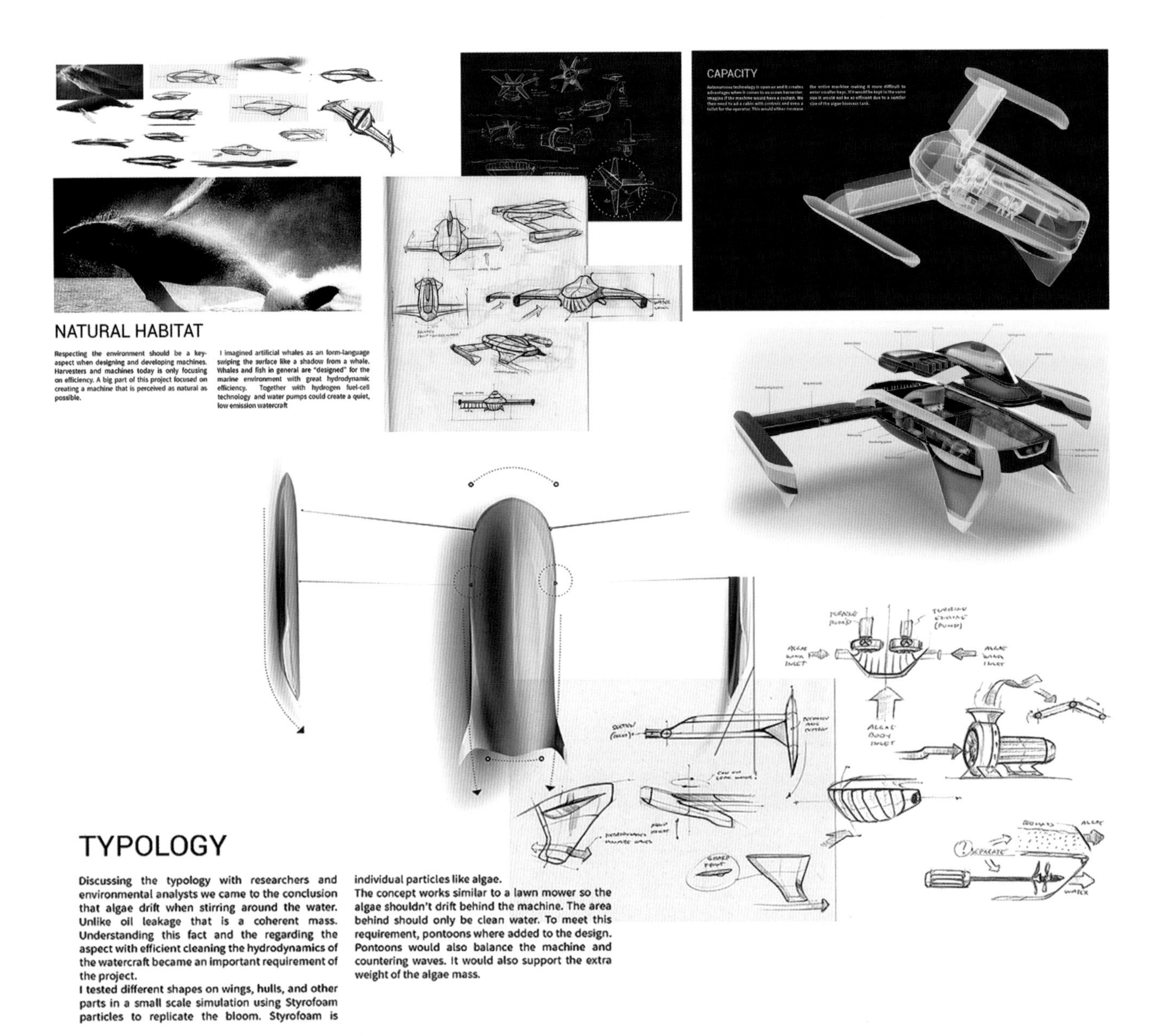

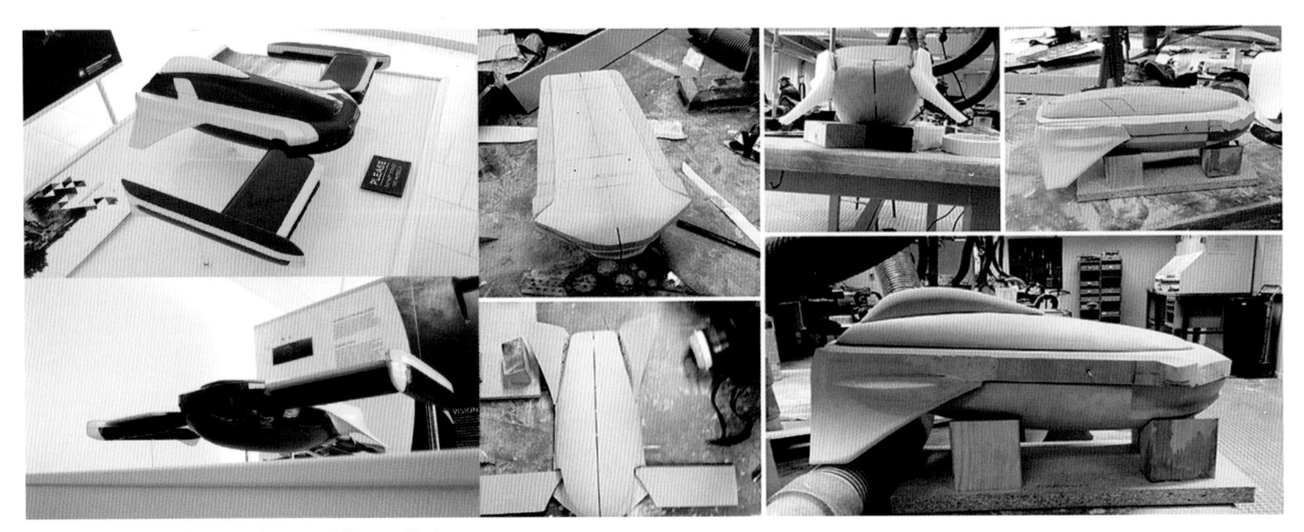

图 8.37 无人海藻联合收割机设计草图及模型

8.2.18　Print Your City 生态座椅

在希腊的塞萨洛尼基市，市民可以把自己使用过的废弃塑料收集起来，并通过 3D 打印技术把它们变成可供城市使用的家具。这是荷兰 The New Raw 工作室的城市材料回收计划“打印你的城市”(Print Your City)的一部分案例。此案例设计出来的设施本体是一把椅子，并在椅子的功能上添加花盆、狗食碗、健身器械等，可选的颜色有灰色、黄色、红色、绿色。The New Raw 工作室与可口可乐公司合作建立了一个“零浪费实验室”(Zero Waste Lab)，此实验室专注于回收、处理废弃塑料，并且完成打印。市民向实验室提供废弃塑料后，塑料会经过分类、洗涤、粉碎等工艺，提炼出能做成椅子的聚丙烯(PP)、聚乙烯(PE)等材料。

Print Your City 生态座椅如图 8.38 所示。

思考题

(1) 完成一种公共设施产品的概念设计方案，画出概略草图(30 幅以上)，并整理完成 5 幅彩色方案手绘图。从中选出一幅较为完整的方案图进行优化完善，并完成对应三维计算机模拟图及三视图的绘制。

(2) 列举出两个公共设施设计实践案例，并对案例作品进行分析与点评。

图 8.38　Print Your City 生态座椅

参考文献

西蒙兹，2000. 景观设计学：场地规划与设计手册 [M].3 版 . 俞孔坚，王志芳，孙鹏，译 . 北京：中国建筑工业出版社 .

刘文军，韩寂，1999. 建筑小环境设计 [M]. 上海：同济大学出版社 .

马库斯，弗朗西斯，2016. 人性场所：城市开放空间设计导则：第二版修订本 [M]. 俞孔坚，王志芳，孙鹏，译 . 北京：北京科学技术出版社 .

刘永德，三村翰弘，川西利昌，宇杉和夫，1996. 建筑外环境设计 [M]. 北京：中国建筑工业出版社 .

霍姆斯－西德尔，戈德史密斯，2002. 无障碍设计 [M]. 孙鹤，等译 . 大连：大连理工大学出版社 .

荒木兵一郎，藤木尚久，田中直人，2000. 国外建筑设计详图图集 3：无障碍建筑 [M]. 章俊华，白林，译 . 北京：中国建筑工业出版社 .

张昕，徐华，詹庆旋，2005. 景观照明工程 [M]. 北京：中国建筑工业出版社。

薛文凯 .“城市家具”：公共设施的创新设计 [J]. 创意设计源，2013(6)：28-35.

薛文凯 . 设计的实现：环保道路隔离设施设计 [J]. 美苑，2015(2)：11-16+10.

薛文凯，郭文惠 . 观念设计的文化传承与超越 [J]. 美苑，2009(5)：68-70.

薛文凯，张雅涵 . 以城市主题文化为背景的公共设施探究：以北京公交站台为例 [J]. 设计，2016 (11)：158-160.

薛文凯，陈江波，2016. 公共设施设计 [M]. 2 版 . 北京：中国水利水电出版社 .

薛文凯，2018. 产品设计创意分析与应用 [M]. 北京：中国水利水电出版社 .

杜海滨，2010. 工业设计教程：第 1 卷 [M]. 沈阳：辽宁美术出版社 .

杜海滨，2010. 工业设计教程：第 2 卷 [M]. 沈阳：辽宁美术出版社 .

杜海滨，2010. 工业设计教程：第 3 卷 [M]. 沈阳：辽宁美术出版社 .

后 记

近年来，公众对城市发展所产生的公共社会问题的关注程度与日俱增，人的社会属性在创新公共设施和公共产品的影响下被重构，从而衍生出很多新的社会问题。在这个过程中，设计师作为一个重要的构想者和实施者，到底该如何平衡“个人的物质需要”与“社会的公共属性”，需要从社会学和设计学层面进行深刻反省。

本书展示了编著者对公共设施创新设计问题的关注，从群体需求的角度去思考公共设施的发展，让设计师获得更多创作与反思的机遇。实际上，这种反思早在20世纪60年代就已经开始。美国著名设计师维克多·帕帕奈克已经明确对仅从视觉刺激出发的设计提出了严厉的批评，他提倡针对社会公共功能需求而设计的“真正的、有意义的”产品应更多地出现在未来生活之中，并身体力行专注于残障人士、病人和有需要的人的设计。同样，最近“为另外的90%设计组织”(Design for the Other 90%)在设计师中发起了一场反思运动，希望设计师思考为什么“世界上最聪明的设计师都在为世界上最富有的10%的人设计酒标、高级时装和玛莎拉蒂”？进而呼吁设计师为另外90%的大众设计低成本的生活解决方案，解决那些穷人和处于社会边缘的人所面临的生存与发展的基本问题。这场设计运动其实也是一场从为少数消费者设计到为大众设计的回归，理论上应该深刻影响整个社会对设计价值的重新思考。

社会责任是维克多·帕帕奈克在《为真实的世界设计》(*Design for the Real World*)一书中讨论的核心，他主张研究创造性的、可持续的、安全的、跨学科的、跨文化的产品设计。既然设计承载着如此艰巨的社会责任，那为什么不从社会学的角度去思考设计到底应该如何影响和参与到社会实践中来呢？因此，本书所讲述的公共设施及相关产品设计，其基础就是尝试采用以“人”为中心的设计方法进行设计，这种转变可能带来设计目标在根本上的变革。

满足真实世界的“需求”的设计已经成为IDEO、Frog Design等国际设计公司关注的重点，它们甚至专门成立了服务于“金字塔底层”人群和公共服务领域的机构。以意大利米兰理工大学艾佐·曼梓尼教授为代表提出的“下代设计”(Next Design)——可持续设计体系在全球协作网络的支持下成为一种可能的解决方案和愿景，为地域和本土文化设计的思潮已经从建筑领域延伸到城市公共设施与产品等领域，人类多样化需求与全球化被放到同等重要的位置。在这种背景下，公共设施已经作为连接人与社会的基本单元和基本条件，既是实现民主参与、利益协调，保障居民基本生活的基础，也是提供公共服务、改善生活体验、重建社会福利的基本途径。